口絵1　清酒や焼酎の醸造に用いられる麹菌

（写真提供：千葉県立博物館　林紀男博士）

口絵2　光合成と窒素固定を行うシアノバクテリア

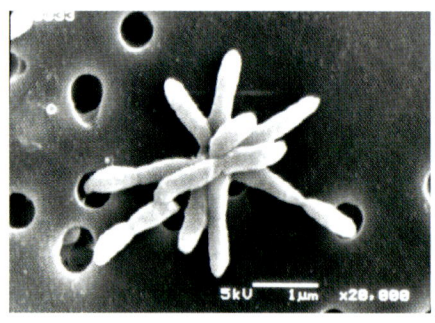
世界最深部（10,910m）マリアナ海溝より分離された深海微生物

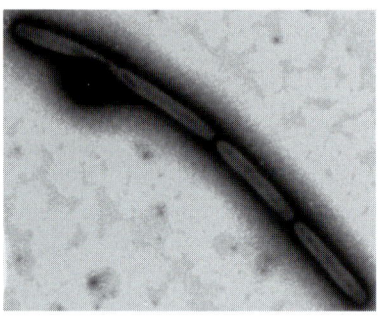
熱水鉱床より分離された生育最高温度（122℃）を有する超好熱性メタン菌

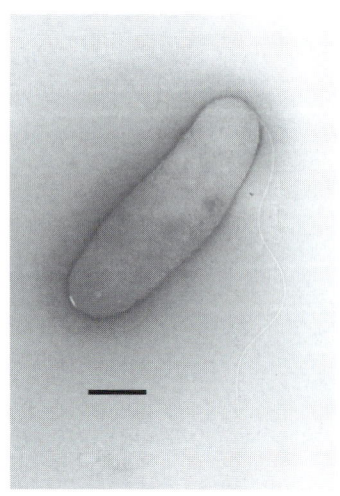
マリアナ海溝より分離された絶対好圧性細菌

深海底より分離されたいろいろな深海酵母

（写真提供：海洋研究開発機構）

口絵3　深海底の微生物

図解 微生物学入門

掘越弘毅【編】
井上 明・中島春紫【共著】

本書を発行するにあたって，内容に誤りのないようできる限りの注意を払いましたが，本書の内容を適用した結果生じたこと，また，適用できなかった結果について，著者，出版社とも一切の責任を負いませんのでご了承ください．

本書は，「著作権法」によって，著作権等の権利が保護されている著作物です．本書の複製権・翻訳権・上映権・譲渡権・公衆送信権（送信可能化権を含む）は著作権者が保有しています．本書の全部または一部につき，無断で転載，複写複製，電子的装置への入力等をされると，著作権等の権利侵害となる場合があります．また，代行業者等の第三者によるスキャンやデジタル化は，たとえ個人や家庭内での利用であっても著作権法上認められておりませんので，ご注意ください．

本書の無断複写は，著作権法上の制限事項を除き，禁じられています．本書の複写複製を希望される場合は，そのつど事前に下記へ連絡して許諾を得てください．

出版者著作権管理機構
（電話 03-5244-5088，FAX 03-5244-5089，e-mail：info@jcopy.or.jp）

JCOPY ＜出版者著作権管理機構 委託出版物＞

はしがき

「微生物」,「ばい菌」,「ウイルス」などというと読者はどのように思われるであろうか. 人間に病気を起こさせるもの, 人間の役に立つもの, などといろいろ考えられるであろう. 特に, 夏になって食物が腐る, かびが生える, 食中毒がおこる, 冬にはインフルエンザが流行する, などと言われると, 眼に見えない悪玉の頭(かしら)のような感もしないわけではない. しかし一方, 醤油, 味噌, ワイン, チーズ, 漬け物など, 我々人類にとっては生活上不可欠なものも微生物の力によるものである. また廃水や汚物などを処理して地球をクリーンにするのもやはり微生物の力である.

ものには必ず陽と陰がある. 微生物はその典型的なものである. 本書では微生物とはどのようなものであり, どのようにして人間に役立っているのかを示し, 現在, 世間でいわれているバイオテクノロジーの基礎となった微生物学の入門としたい. さらに我々は大腸菌などの微生物を用いることによって遺伝子を理解し, その上に遺伝子を人工的に組み換える遺伝子工学を発展させた. この知識をもとにして生命の起源, 進化などを研究する学問が発展しつつある. これらのことに関心のある読者はオーム社の「ベーシックマスター 微生物学」などの別の成書を参考にされたい.

科学には基礎と応用がある. 既存の知識・理論から出発することの多い基礎研究が直接に応用に結びつくことは, 必ずしも多くはない. しかし微生物学においては, 基礎研究, 応用研究の区別がまったくないことを, ほぼ50年前に編者らは微生物を用いたアミノ酸の製造を通じて, 基礎研究がすなわち, 応用研究であることを身近に体験することができた. またその逆に既存の概念からなる基礎知識の枠を破る手がかりを応用研究から見いだし, 新しい基礎研究の芽を生み出したという例も, 抗生物質の発見などをはじめとして数多く知られている. 近年では遺伝子の配列を調べることにより, 新しい

酵素の生産などが簡単に行われるようになった．

　わが国のバイオテクノロジーは世界のトップレベルにあった．これは，わが国伝統の発酵食品に基づく発酵工業によるところが極めて大きかった．またこの分野のトップの企業の多くが食品関連の企業であることから，このことは明らかであろう．

　分子生物学の申し子である遺伝子工学が，実用面で大きな成果をもたらして 30 年近くになるが，実はその前の長い間につちかわれた微生物学がその基礎になって，その上に遺伝子工学が開花したということを，本書を通じて知ってもらえば幸いである．

　なお，本書の出版にあたって大変お世話になったオーム社出版部須山氏をはじめ多くの方々に感謝の意を表します．

　2009 年 3 月

編者しるす

目次

1章　微生物とは

1・1　微生物学の歴史 ……………………………………………… 1
- 微生物の発見 …………………………………………………… 1
- 微生物学のあゆみ ……………………………………………… 3
- 日本の微生物研究 ……………………………………………… 5

1・2　微生物の種類 ………………………………………………… 7
- 微生物の分類体系 ……………………………………………… 7
- 微生物の命名法 ………………………………………………… 8
- 真正細菌 ………………………………………………………… 11
- 古細菌 …………………………………………………………… 17
- 真菌（カビ，酵母，キノコ） ………………………………… 18
- 原生生物（藻類，原虫） ……………………………………… 25
- ウイルス ………………………………………………………… 26

1・3　微生物の細胞構造 …………………………………………… 27
- 原核生物と真核生物 …………………………………………… 27
- 原核細胞 ………………………………………………………… 29
- 真核細胞 ………………………………………………………… 29

2章　微生物の進化

2・1　生命の誕生 …………………………………………………… 31
- 生命のはじまり ………………………………………………… 31
- 細胞内共生説 …………………………………………………… 33

2・2　遺伝子に刻まれた進化 ……………………………………… 35
- 分子進化 ………………………………………………………… 35

- 進化系統樹 ………………………………………………………… 36
- DNAによる微生物の同定 ………………………………………… 36

3章　微生物の物質代謝

3・1　エネルギーの生成 ……………………………………… 39
- 同化と異化 ………………………………………………………… 39
- 解糖系 ……………………………………………………………… 39
- アルコール発酵と乳酸発酵 ……………………………………… 40
- TCA回路（クエン酸回路） ……………………………………… 42
- 電子伝達系とATP合成 …………………………………………… 43
- 光合成 ……………………………………………………………… 44

3・2　生合成 …………………………………………………… 46
- 糖類の生合成と貯蔵 ……………………………………………… 46
- 脂肪とリン脂質 …………………………………………………… 48
- アミノ酸の生合成 ………………………………………………… 50

4章　微生物の研究法

4・1　微生物の生育 …………………………………………… 53
- 微生物の増殖法 …………………………………………………… 53
- 生育曲線 …………………………………………………………… 54
- 増殖速度の数式 …………………………………………………… 56
- 微生物の数と量の測定 …………………………………………… 57

4・2　微生物の培養法 ………………………………………… 58
- 微生物の取扱い法 ………………………………………………… 58
- 培地の調製 ………………………………………………………… 60
- 液体培養と固体培養 ……………………………………………… 62
- 通気撹拌培養（ジャーファーメンター） ……………………… 62
- 連続培養法 ………………………………………………………… 64

4・3　微生物の生育条件 ………………………………………… 66
　● 栄養源 ……………………………………………………… 66
　● 温　度 ……………………………………………………… 69
　● pH …………………………………………………………… 71
　● 酸　素 ……………………………………………………… 72
　● その他の環境因子 ………………………………………… 72
　● 培養が難しい微生物 ……………………………………… 74

4・4　病原性微生物 ……………………………………………… 77
　● 常在菌 ……………………………………………………… 77
　● 食中毒の原因菌 …………………………………………… 77
　● 細菌の感染症 ……………………………………………… 78
　● 真菌の感染症 ……………………………………………… 79
　● 原虫の感染症 ……………………………………………… 79
　● ウイルス性疾患 …………………………………………… 79

5章　遺伝子工学

5・1　セントラルドグマ ………………………………………… 81
　● DNAの構造 ………………………………………………… 81
　● DNAの複製 ………………………………………………… 84
　● 転　写 ……………………………………………………… 85
　● 翻　訳 ……………………………………………………… 86

5・2　遺伝子の取扱い法 ………………………………………… 90
　● プラスミド ………………………………………………… 90
　● 遺伝子操作 ………………………………………………… 91
　● PCR ………………………………………………………… 94
　● 遺伝子の発現と制御 ……………………………………… 96

5・3　微生物のゲノム …………………………………………… 98
　● ゲノムプロジェクト ……………………………………… 98
　● 微生物のゲノム研究 ……………………………………… 99

column：誰でもできるとは限らない微生物の分離（スクリーニングについて）………… 100

6章　微生物の利用

6・1　発酵工業への利用 …………………………………………………… 101
- アルコール発酵 ……………………………………………………………… 101
- 有機酸発酵 …………………………………………………………………… 103
- アミノ酸発酵 ………………………………………………………………… 105
- 核酸発酵 ……………………………………………………………………… 109
- 抗生物質 ……………………………………………………………………… 112

6・2　伝統発酵食品への利用 ……………………………………………… 116
- 酒類（アルコール飲料）…………………………………………………… 116
- 大豆発酵食品 ………………………………………………………………… 123
- 水産発酵食品 ………………………………………………………………… 124
- 乳製品 ………………………………………………………………………… 127
- その他発酵食品 ……………………………………………………………… 128

6・3　微生物菌体の利用 …………………………………………………… 132
- 酵母菌体 ……………………………………………………………………… 132
- 藻　類 ………………………………………………………………………… 133
- SCP …………………………………………………………………………… 135

6・4　環境修復 ……………………………………………………………… 136
- 廃水処理 ……………………………………………………………………… 136
- バイオレメディエーション ………………………………………………… 139

7章　バイオテクノロジー

7・1　酵素の種類と作用 …………………………………………………… 143
- 酵素の分類 …………………………………………………………………… 143
- 酵素の構造と作用 …………………………………………………………… 148
- 酵素の反応条件 ……………………………………………………………… 150

7・2　酵素の利用 ……………………………………………… 151
- 酵素生産微生物の単離 ………………………………………… 151
- 食品工業 ………………………………………………………… 153
- 医薬品分野 ……………………………………………………… 154
- 酵素洗剤 ………………………………………………………… 154
- column：日本酒はバイオテクノジーの結晶 …………………… 156

8章　不思議な能力を持つ微生物たち

8・1　多様な微生物の代謝 …………………………………… 157
- 化学合成独立栄養微生物 ……………………………………… 157
- 硝化細菌と脱窒 ………………………………………………… 158
- 硫黄酸化細菌・鉄細菌 ………………………………………… 159
- 嫌気呼吸 ………………………………………………………… 160

8・2　極限環境微生物 ………………………………………… 162
- 極限の環境と極限微生物 ……………………………………… 162
- 深海に生きる微生物たち ……………………………………… 165
- 熱水噴出孔の微生物 …………………………………………… 167
- 地殻内に生きる微生物 ………………………………………… 169
- column：沸騰しているお湯の中でないと生育しない微生物 … 172

- 索　　引 ………………………………………………………… 173

Chapter 1

微生物とは

1・1　微生物学の歴史

　この地球上には，動物，植物などさまざまな生物が生息しているが，微小な生物である微生物の存在に気付かないことが多い．大部分の微生物は，細胞1個の大きさが数 μm（ミクロン：$1000\mu m = 1mm$）であるから肉眼では見えないが，実は膨大な数の微生物が地球上の陸上，海洋，地中，大気，動物の体内など，ありとあらゆる場所に生育している．

● 微生物の発見 ●

　太古の時代から生息していた微生物の姿を人間の目が初めてとらえたのは17世紀に入ってからである．オランダの公務員であった**レーヴェンフック**（A. van Leeuwenhoek；1632〜1723年）は，1684年にロンドンの王立協会に微生物の観察記録を内容とする論文を寄稿した．『歯垢中の動物の顕微鏡的観察』というタイトルのその論文のなかに，彼が「歯垢を少しとって雨水と混ぜて」観察したという微生物のスケッチが見られる（図1・1）．そのスケッチはさまざまな微生物の形態的特徴をよくとらえており，虫歯菌とみられる球菌や運動性を持つ桿菌などが見事に描写されている．レーヴェンフックが観察に使ったのは，手製の単レンズ顕微鏡（約200倍）である．観察の試料として歯垢を使ったこと，それを自然の蒸留水ともいうべき雨水に懸濁して雑菌の混入を最小限に抑えたことから，口腔微生物の生態観察の初の記録ともいえる．レーヴェンフックはビールの中に見つけた酵母についても報告している．旺盛な好奇心の持ち主であったレーヴェンフックは，そ

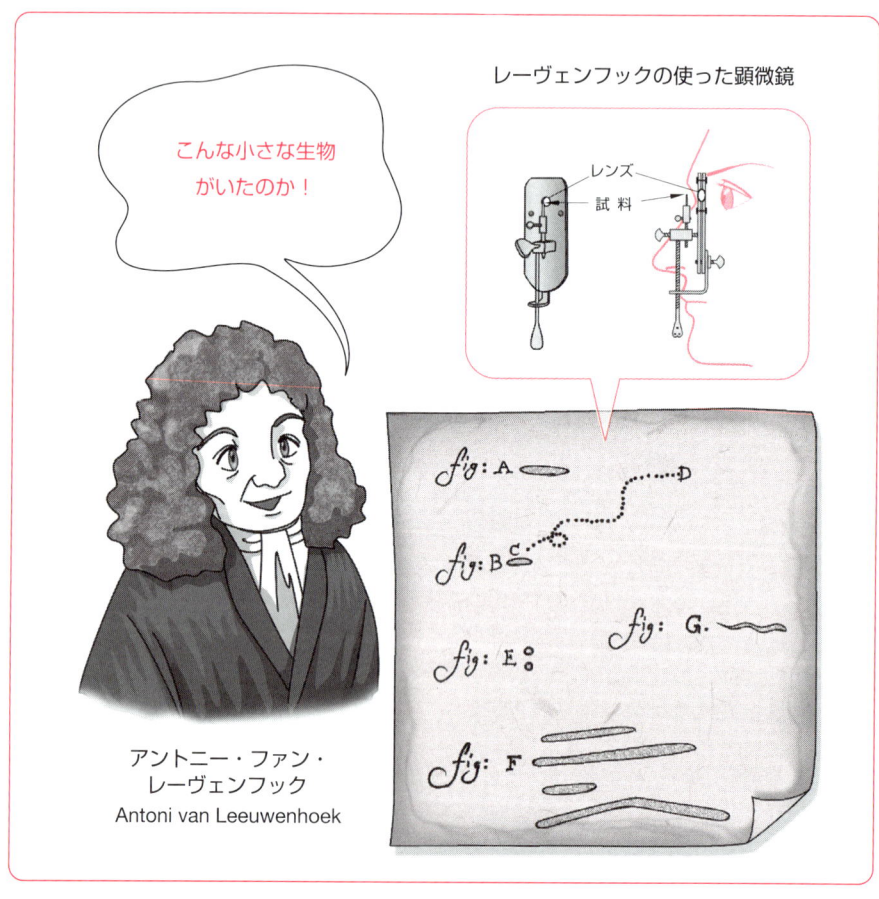

図1・1 レーヴェンフックが観察した微生物

の後も身のまわりのいろいろな試料を対象にして観察を続け，91歳の長寿を全うした．

　レーヴェンフックの研究は「微小動物」の観察にとどまり，微生物の営みについて，すなわち微生物が発酵現象・食品腐敗・伝染病などと深いかかわりを持つことを明らかにしたのは，19世紀，フランスの科学者パスツールである．

微生物学のあゆみ

「ハエは腐った肉からわき出し，ネズミは沼の泥土から生ずる」．生物は親からだけではなく，いろいろなものから生ずるという**自然発生説**は，レーヴェンフックの時代でも広く信じられていた．一方では，自然発生説を否定する多くの実験が示されて，論争が続いていた．この時代には，微生物は自然発生する生物の見本であり，透明の肉汁が微生物の繁殖によって濁っていく現象は，まさに自然発生説の証明と見なされていた．

パスツール（Louis Pasteur；1822〜1895年）は，白鳥（スワン）の首のように，口のガラス管が細く伸びたフラスコ（図1・2）を用いて，フラスコ内の肉汁を煮沸しておくと，密閉されていなくても何年間も腐敗しないことを確かめた．長いガラス管のため，空気中の微生物はフラスコ内に届かないためである．当時の自然発生説では空気の存在により生物が発生すると考えられていたので，空気が通っていても肉汁が腐らないという実験結果により，自然発生説は完全に否定された．生物の新しい生命は，生物自身から生まれることがここに初めて証明されたのである．

パスツールはこのほかにも多くの優れた研究を行った．パスツールはワインの産地であったリールの大学に赴任中，醸造業者からブドウ果汁を詰めた樽の中身がワインにならずに，いつの間にか酸っぱくなってしまう（酸敗）ので，その原因を調べてほしいと依頼された．パスツールは樽の発酵液を調べ，ワインができた樽には球形の酵母がいるが，酸っぱくなってしまった樽には棒状の細菌が繁殖していることを観察した．このことから，ブドウがワインに変わるアルコール発酵は酵母の働きによるものであり，酸敗するのは乳酸菌の繁殖が原因であると結論した．発酵という現象が，特定の物質を生成蓄積する能力を持つ微生物の作用であることを発見したことは，パスツールの最大の研究業績である．

一方，できあがったワインが酸っぱくなるという問題が多くの醸造工場で

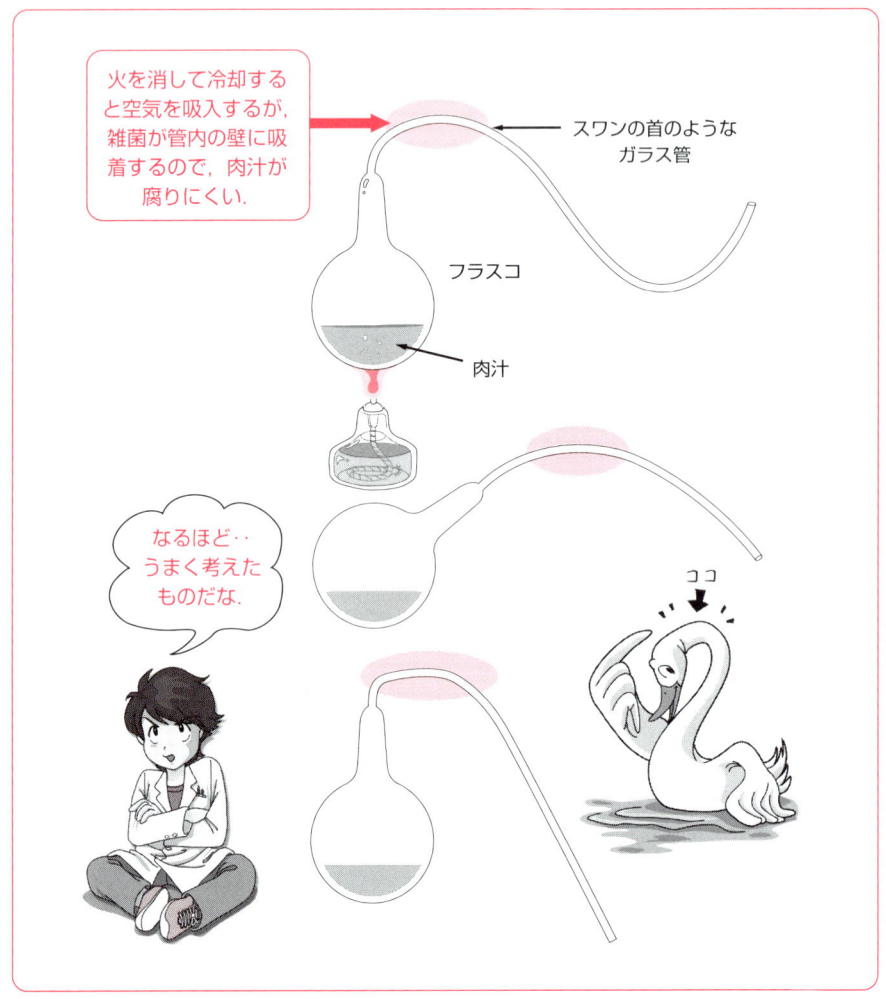

図1・2 パスツールのフラスコ

起こっていた．パスツールは，ワインが酸っぱくなったのは酢酸菌が繁殖して酢を生成したからであり，これを防ぐにはワインを55℃くらいに加熱するとよいことを発見した．後に，ビールの腐敗防止にもこの方法が有効であることを見いだした．食品の腐敗が微生物の作用であること，および微生物を加熱殺菌することにより腐敗を防ぐという知識が初めて得られたことにな

る．この低温殺菌法は，その名を記念して**パスツーリゼーション**（Pasteurization）と呼ばれるようになり，食品の品質に与える影響の少ないことから，現在でも殺菌方法の一つとして採用されている．

ドイツでも一人の優れた微生物研究者が活躍していた．医学細菌学の分野を開拓した**コッホ**（Robert Koch；1843～1910年）である．コッホは肉エキスにゼラチンを加えてガラスのシャーレの中で固めてつくった固体培地を用いる培養法を考案し，家畜のタンソ病の病原体であるタンソ菌をはじめとして，腸チフス菌，結核菌，コレラ菌などの病原菌を次々と分離した．微生物は液体培地の中では混ざり合ってしまうが，固形培地を用いて培養すると，一個一個が独立して増殖し，目に見える大きさの**コロニー**（**集落**）を形成する．コッホは固形培地を用いることによって，多様な微生物が混在する試料の中から1種類の微生物だけを純粋に分離できたのである．微生物の純粋培養の技術は微生物学の発展に大きな貢献をもたらすことになる．

ゼラチンは微生物の生育温度である30℃では溶解してしまう上に，ゼラチンを溶かす作用を持つ微生物が多くて使いにくかった．そこで，友人の妻のアイディアにより，寒天を使って培地成分を固めてみたところ，非常に使い勝手がよいことがわかった．溶けた寒天が固化するのは44℃以下であるが，作製した寒天培地は100℃近い温度まで溶解しないので，ほとんどの細菌の生育温度において使用できる．寒天固形培地は微生物研究の分野で，現在も広く使用されている．

このようにパスツールとコッホの二人の偉大な先駆的研究者によって，近代の微生物学発展の礎が築かれた．

日本の微生物研究

パスツールとコッホが確立した微生物学が日本に導入されたのは，明治時代に入ってからである．ドイツ留学中にコッホに師事していた**北里柴三郎**（1853～1931年）は，1889年に**破傷風菌**（*Clostridium tetani*）を発見

して純粋培養に成功し，翌年には破傷風の血清療法も開発した．北里は帰国後，東京に伝染病研究所，北里研究所，慶応義塾大学医学部などを次々と設立し，日本の医学細菌学の発展に力を注いだ．

志賀潔（1871〜1957年）は伝染病研究所在職時代に，当時東京に流行した赤痢患者の糞便から**赤痢菌**（*Shigella etousae*）を発見した（1898年）．**秦佐八郎**（1873〜1938年）はフランス留学中に，梅毒菌スピロヘータの化学療法剤サルバルサンを発見した（1910年）．同じころ**野口英世**（1876〜1928年）は，アメリカでスピロヘータが脳梅毒の原因であることを突き止めた（1911年）．さらに野口は，黄熱病の研究に取り組んだが，当時は電子顕微鏡が発明されていなかったため，病原体のウイルスを見出すことが技術的に不可能であった．そして，ガーナのアクラで半年あまりの苦闘のすえ，黄熱病に倒れ，1928年5月21日死去した（享年51歳）．

このように日本の微生物学は医学細菌学の導入から始まったが，明治時代後期になると日本伝来の醸造微生物に関心が向けられるようになった．日本では古来より，清酒，味噌，しょう油などの発酵食品を麹菌（コウジ菌）と酵母の働きを巧みに利用して醸造してきた．特に清酒は，米のデンプンの糖化とアルコール発酵を同時に進める平行複発酵方式が室町時代に確立しており，最終アルコール濃度が20％に達する．醸造行程には，麹菌と酵母の純粋培養や，低温殺菌など高度な技術が含まれており，世界に類をみない優れた発酵技術である．醸造は長年の経験に基づく技術者の勘に頼って行われてきたが，さらに製品の品質安定と向上を目指して有用微生物の純粋分離や分類・生理の研究が進められ，日本独自の微生物研究が進められてきた．

清酒醸造に用いられるカビの一種である黄麹菌に着目し，黄麹菌が生産するデンプン糖化酵素を酵素製剤として販売したのは，ニューヨークに滞在して研究を進めていた**高峰譲吉**（1854〜1922年）である．酵素製剤は「タカジアスターゼ」と命名され，消化剤や醸造用酵素剤として広く使用されている．高峰は帰国してから理化学研究所の創立に尽力した．

1・2　微生物の種類

微生物の分類体系

「微生物」とは顕微鏡レベルの小さな生物の総称であり，細菌，真菌，原生動物，藻類など，非常に多様な生物が含まれる．

生物の分類ではホイッタカー（Whittaker；1920〜1980年）が1969年に提唱した5界説が広く受け入れられている．**5界説**では，生物を**モネラ界**・**原生生物界**・**菌界**・**動物界**・**植物界**の五つの界に大別する．このうちモネラ界は原核生物であり，細胞内に明瞭な核を持たないためDNAが細胞質に浮遊している．残りの4界は細胞内に核，ミトコンドリアなどの細胞内器官が揃っていることから真核生物と呼ばれる．

近年の遺伝子の研究により，モネラ界が大きな二つのグループに分けられることが明らかとなってきた．それに伴って5界説が見直され，生物全体を「**古細菌（archaea）**」「**真正細菌（bacteria）**」「**真核生物（eukarya）**」の三つのドメインに大きく分ける**3ドメイン説**が受け入れられつつある（図1・3）．古細菌と真正細菌を合わせた原核生物は，細菌（バクテリア）と呼ばれ，真核生物である真菌と区別されている．

真核生物のうち，主として光合成によってエネルギーを得る非運動性の多細胞生物が「植物界」に分類され，コケ類，シダ類，単子葉植物，双子葉植物などが含まれる．一方，栄養物を口から取り入れて体内で分解する（摂食する）多細胞生物で何らかの感覚器官を有する生物が「動物界」であり，軟体動物，節足動物，昆虫，脊椎動物などが含まれる．「菌界」は消化酵素を分泌して体外で栄養物を分解してから吸収することによってエネルギーを得る生物である．カビと酵母とキノコが菌界に属しており，一般に真菌類と呼ばれる．以上の三つの界にあてはまらない真核生物が「原生生物界」にまと

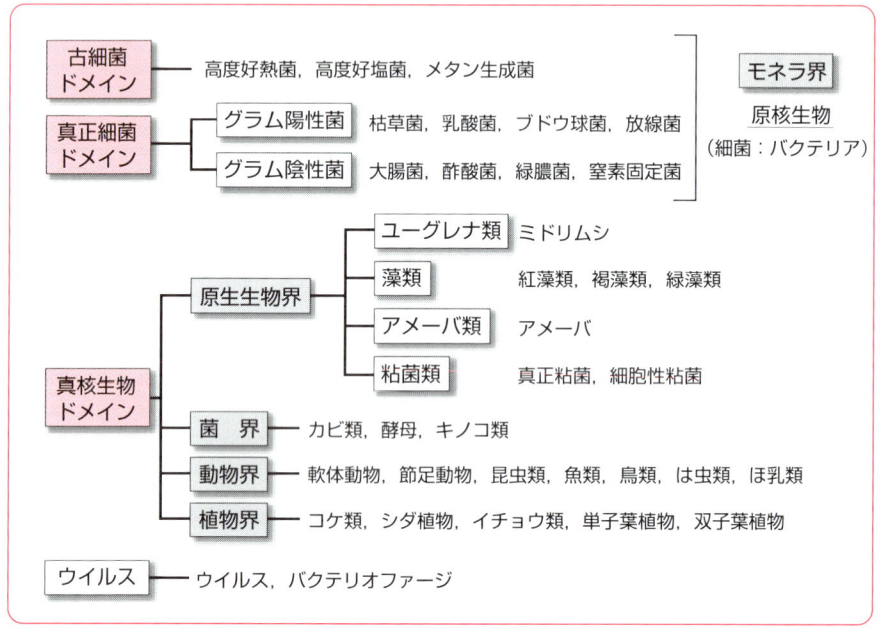

図1・3 微生物の分類

められている．ユーグレナ類は光合成を行う単細胞のべん毛藻類であり，アメーバは原形質流動によって移動する単細胞生物である．藻類は酸素発生型の光合成を行う．粘菌類は，生活環にアメーバ状の単細胞期と集合体の時期を持っている．

ウイルスは宿主生物の細胞内で組み立てられる微小な構造体であり，自律増殖できないので通常は生物として扱わない．

● 微生物の命名法 ●

生物の分類体系では，階層的に「ドメイン」−「界」−「門」−「綱」−「目」−「科」−「属」−「種」と分けられる．ヒトを例にとると，次のように分類される．

「ドメイン」	「界」	「門」	「綱」	「目」	「科」	「属」	「種」
真核生物ドメイン	動物界	脊椎動物門	哺乳動物綱	霊長目	ヒト科	ヒト属	ヒト

　学問の世界では，すべての生物に万国共通のラテン語の**学名**が与えられている．学名の命名は，スウェーデンの植物学者**リンネ**（C. von Linné；1707〜1778年）が提唱した**二名法**に従い，属名と種名を組み合わせたラテン語で表す．属名は常に大文字で始まり，種名が小文字で続く．印刷するときはイタリック体とし，筆記またはタイプ書きするときは下線を付けるのが慣習である．略記するときには，属名を頭文字で表してピリオドをつける．

パン酵母：学名 *Saccharomyces cerevisiae*　略記 *S. cerevisiae*

　同一種の微生物の中で変種を示すときは var.（variety），亜種を示すときは subsp.（subspecies）と記してから変種名，亜種名を付け加える．新種のときは nov. sp.（novel species）と記す（**表1・1**）．

表1・1　生物の学名と通称名

慣用名	学名	学名の由来
大腸菌	*Escherichia coli*	Escherichia：研究者 Theodor Escherich
黄色ブドウ球菌	*Staphylococcus aureus*	Staphylo：房状，coccus：球状，aureus：金色
乳酸菌	*Lactobacillus bulgaricus*	Lacto：ミルク，bacillus：桿状
赤痢菌	*Shigella etousae*	Shigella：志賀潔，etousae：米軍の欧州作戦名
パン酵母	*Saccharomyces cerevisiae*	Saccharo：糖，myco：カビ，cerevisia：ビール
黄麹菌	*Aspergillus oryzae*	Asper：キリスト教の撒水器の形，oryza：米
ヒト	*Homo sapiens*	Homo：人，sapiens：考える

例：大腸菌　*Escherichia coli*　　ATCC11775株
　　大腸菌　*Escherichia coli*　　K-12株（遺伝子操作の宿主菌株）
　　大腸菌　*Escherichia coli*　　O-157株（腸管出血性大腸菌）
　　黄麹菌　*Aspergillus oryzae*　RIB40株

表 1・2 　微生物の保存機関

【1】 ATCC（The American Type Culture Collection）
http://www.atcc.org/
【2】 IPOD（International Patent Organism Depositary）：（独）産業技術総合研究所
http://unit.aist.go.jp/pod/ci/
【3】 JCM（Japan Collection of Microorganisms）：（独）理化学研究所バイオリソースセンター
http://www.jcm.riken.go.jp/JCM/JCM_Home_J.html
【4】 NPMD（Internatioinal Patent Organism Depositary）：（独）製品評価技術基盤機構
http://www.nite.go.jp/npmd/

　微生物は，各国の公的保存機関により分類，保存，交換，分譲，情報提供などのサービス業務が行われており，所定の手続きにより入手することができる（表 1・2）．このような分譲株には，保存機関の登録番号が付けられている．同じ種類の微生物でも，分離源などにより性質が異なることが多い．そのため，微生物に関する研究成果を報告するときには，微生物の種名に加えて分譲元の登録番号または研究者が付けた株名を明らかにする必要がある．

　人間生活に関係が深く，古くからなじみのある微生物は，学名よりも通称名で呼ばれることが多い（表 1・1）．通称名では，「大腸菌」のように 1 種類の微生物 *E. coli* を指す場合と，「乳酸菌」のように乳酸を生成する一群の微生物を指す場合がある．

　動物などの生物種は，同一の遺伝子群を共有する性的交配可能な個体群と定義され，主として形態により分類されている．しかし，微生物は非常に小さいため，大きさや形態の特徴だけから分類することは困難であり，生活環・生殖器官・細胞の染色性・炭素源の利用性・窒素源の利用性・発酵能・生育温度・生育 pH・酸素の要求性などの生理的性質が分類の大きな手がかりとなる．さらに，DNA の塩基組成・脂肪酸組成・キノンの組成・細胞壁アミノ酸組成・細胞表層糖鎖の組成など，細胞成分の化学的構造も分類の指標となっている．

近年の遺伝情報の解析技術の進歩により，現在ではどの微生物にも存在する 16S rRNA 遺伝子（真核生物では 18S rRNA 遺伝子）の塩基配列の情報を基にして，微生物の分類を行うのが主流となっている．純粋培養できない微生物でさえも，16S rRNA 遺伝子の DNA 断片を増幅して塩基配列を解読することにより，分類して種名を明らかにすることが可能となっている．

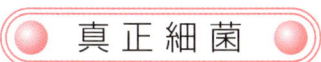

真正細菌

細菌（bacteria）は原核生物であり，細胞 1 個の大きさが 0.7～3.0μm の単細胞の微生物である．細菌は細胞の形により，**球菌**（球形の細胞），**桿菌**（棒状の細胞），コンマ菌，スピロヘータ（らせん形の細胞）に分類され，集合の状況により双球菌・ブドウ球菌・連鎖球菌などが存在する（**図 1・4**）．

細菌は**べん毛**と呼ばれる弾力性のある繊維を回転して運動する．べん毛の付着位置と数は細菌の分類基準の一つであり，細胞の端から出ている極べん毛や，細胞の周囲から出ている周べん毛（**図 1・5**）を持つ微生物がいる．

細胞分類の重要な基準の一つに，デンマークの医師グラム（C. Gram；1853～1938 年）が 1885 年に始めた**グラム染色**がある．細胞壁が色素ク

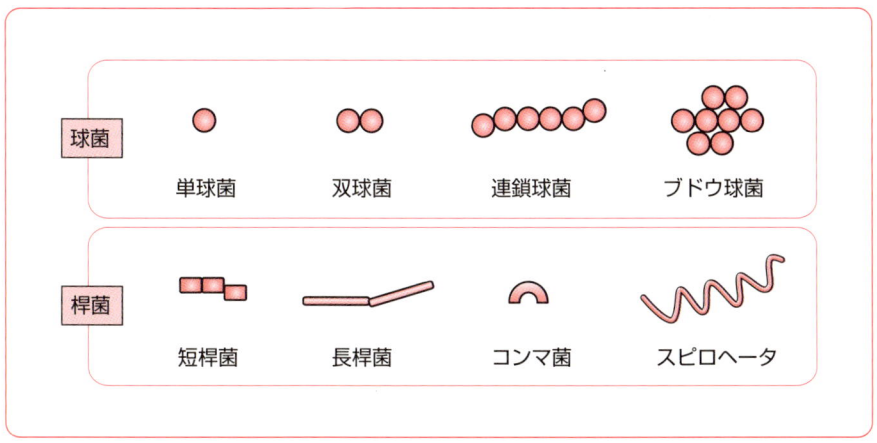

図 1・4　細菌の形状

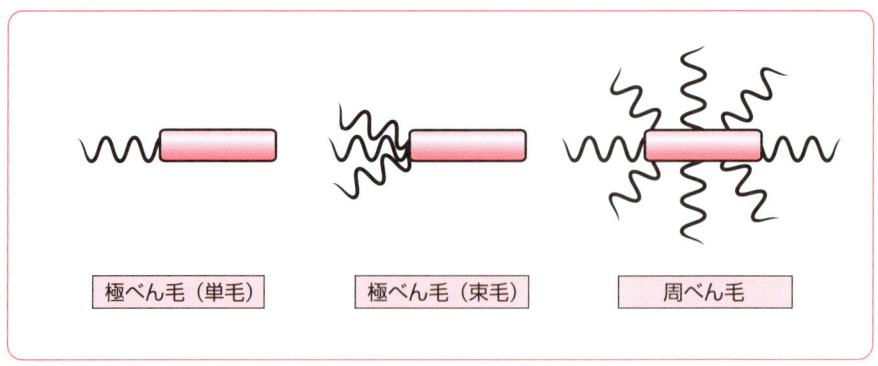

図1・5　細菌のべん毛

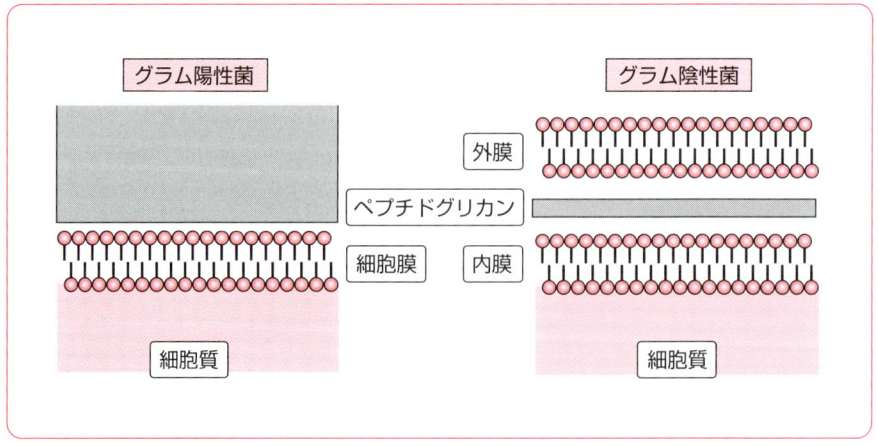

図1・6　グラム陽性菌とグラム陰性菌の細胞表層

リスタルバイオレットに染まって青紫色を呈する細菌を**グラム陽性**菌，これらの色素に染らない細菌を**グラム陰性**菌という．グラム陽性菌の細胞表層は，脂質2重層の細胞膜と分厚いペプチドグリカンの細胞壁から構成されている．一方，グラム陰性菌のペプチドグリカン層は非常に薄く，外膜とよばれるもう1層の細胞膜を有している（図1・6）．

　細菌の分類・同定にたずさわる研究者にとっては聖書ともいうべき必携書が『Bergey's Manual of Systematic Bacteriology』であり，報告されて

いる限りの細菌の形態・性状・出所などが系統的に網羅されている.

細菌のなかには病原菌や腐敗細菌など有害なものもあるが，発酵食品の製造などに利用される有用な細菌も多い．いくつかの身近な細菌について述べよう.

(1) 乳酸菌

乳酸菌は糖類から乳酸を生成する細菌のグループで，チーズやヨーグルトなど牛乳の加工，清酒やしょう油の醸造，漬物の熟成などに使われている．乳酸の生成により pH を低下させて腐敗菌の増殖を抑えるとともに，それぞれの食品に特有の風味を与えている．乳酸菌は分類学上グラム陽性，非運動性，胞子非形成，通性嫌気性の細菌の総称であり，100 種類あまりの乳酸菌が知られている．ヨーグルトには，長桿菌のラクトバチルス（*Lactobacillus bulgaricus*）と連鎖球菌のストレプトコッカス（*Streptococcus thermophilus*）が共生している（**図 1・7**）．他にも，チーズのスターターとして用いられる連鎖球菌の *Streptococcus lactis*，ヤクルトに含まれる

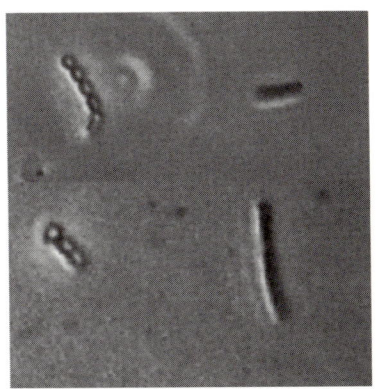

連鎖球菌：*Streptococcus thermophilus*（左）
長桿菌：*Lactobacillus bulgaricus*（右）

図 1・7　乳酸菌

Lactobacillus casei Shirota 株,枝分れの多い乳酸菌であるビフィズス菌 *Bifidobacterium longum*,しょう油の醸造に用いられる耐塩性乳酸菌 *Tetragenococcus halophilus* など,さまざまな乳酸菌が活躍している.乳酸菌は生育に多種類のアミノ酸やビタミン類を必要とするので,自然界では果物の中や動物の腸管内など栄養豊富なところに分布している.

(2) バチルス属細菌

バチルス(*Bacillus*)属の細菌はグラム陽性で好気性の桿菌であり,周べん毛により運動性を持つ.自然界では,土壌や干草などに多く分布する.周囲の環境が厳しくなると,耐熱性・耐乾燥性を有する内生胞子を形成するのが特徴である(図 1・8).強力な加水分解酵素を生産する菌株が多く,広く利用されている.30〜45℃ でよく生育する菌株が多いが,なかに 55℃ 以上の高温域で生育できる好熱性菌も知られている.

枯草菌(*Bacillus subtilis*)はバチルス属細菌の代表菌種である.強力なアミラーゼ(デンプン分解酵素)やプロテアーゼ(タンパク分解酵素)を細胞外に分泌するので酵素製剤の生産に使われている.納豆の製造には,

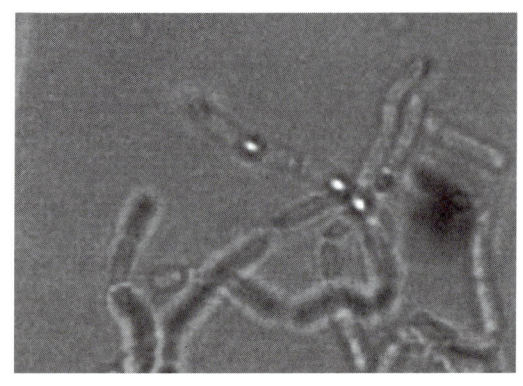

Bacillus megaterium

図 1・8 内生胞子をつくる細菌

Bacillus natto(現在では *Bacillus subtilis* とされている)が用いられる.プロテアーゼの産生により大豆タンパク質を分解して消化性を高めるとともに,納豆の糸引き成分であるグルタミン酸の重合体を生成する.

(3) ブドウ球菌

球菌は大部分がグラム陽性菌である.多くは土壌中に生息するが,健康なヒトの皮膚からしばしば表皮ブドウ球菌(*Staphylococcus epidermitidis*)や黄色ブドウ球菌(*Staphylococcus aureus*)が見いだされる(図1・9).

(4) グラム陰性桿菌

大腸菌(*Escherichia coli*)はグラム陰性の桿菌であり,周べん毛により運動する.酸素があってもなくても生育できる通性嫌気性細菌であり,乳糖を分解して炭酸ガスを発生する特徴を持つ(図1・10).ヒトおよび脊椎動物の正常な腸内細菌群の一つであり,人畜の糞尿汚染の指標菌として飲食物,飲料水,河川,沿海域の衛生検査の対象になっている.また,極めて効率のよいプラスミドDNAの導入法が開発され,遺伝子組換え実験の最も安全な宿主菌として広く活用されている.

緑膿菌(*Pseudomonas aeruginosa*)は好気性のグラム陰性桿菌であり,

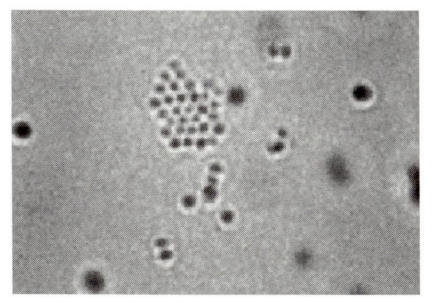

Staphylococcus epidermitidis

図1・9 ブドウ球菌

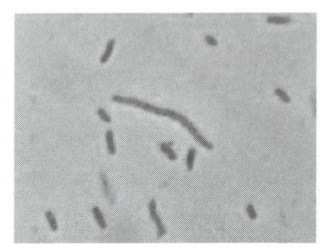 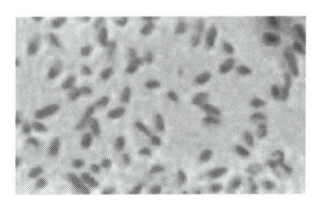

大腸菌：*Escherichia coli*（左）
緑膿菌：*Pseudomonas aeruginosa*（右）

図 1・10　グラム陰性細菌

極べん毛により運動する（図 1・10）．土壌，淡水などに広く分布し，蛍光性の色素を産生する．

(5) 放線菌

放線菌はグラム陽性，好気性の土壌細菌で，形態分化して胞子を形成する複雑な生活環を持つ一群の微生物である．放線菌は糸状に細胞を伸張して生育し，栄養源が枯渇してくると空中に気中菌糸を立ち上げる．気中菌糸の先端には連鎖状の胞子が着生する．胞子の形態は放線菌の種類により特徴があり，球形・楕円形・円筒形で，胞子表面にとげ状の突起があったり，平滑であったりで，放線菌分類の重要な基準になっている（**図 1・11**）．放線菌のコロニーには湿った土の臭いがする．

放線菌は胞子を形成する時期になると，さまざまな二次代謝産物と呼ばれる化合物を生成する．二次代謝産物として色素を産生する放線菌は，コロニーが灰色・黄色・赤色・褐色など色とりどりに染まる．また，他の微生物の生育を抑える活性を持つ抗生物質を産生する放線菌も存在する．1943 年にワックスマン（Selman Waksman：1888〜1973 年）がストレプトマイシンを産生する放線菌（*Streptomyces griseus*）を発見し，不治の病といわれていた結核に有力な治療手段が得られた．以来，世界中の土壌が抗生物

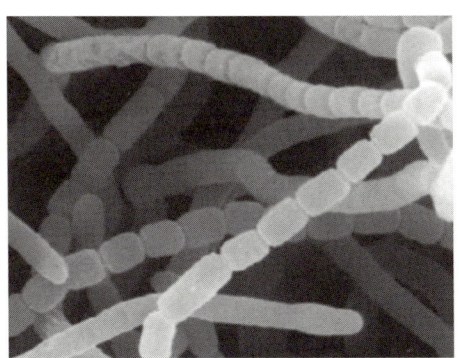

図1・11　放線菌（写真提供：東京大学　大西康夫博士）

質生産微生物の探索対象となり，現在までに約 12 000 種の抗生物質が登録されているが，その約 60 % は放線菌が生産する．

(6) シアノバクテリア

よどんだ沼などの水面には，しばしばアオコが発生して一面に緑色の粉を吹いたようになる．これは**シアノバクテリア**と呼ばれるグラム陰性の光合成細菌によるものである．シアノバクテリアには，単細胞のものと連鎖状のものがある．酸素発生型の光合成を行う栄養細胞のほかに，窒素固定を専門に行う異型細胞（ヘテロシスト）を形成するものがあり，炭素源も窒素源も空気から調達できるので，わずかな無機塩だけで大発生することがある．（口絵写真）

古　細　菌

古細菌（archaea）は，1977 年アメリカ・イリノイ大学の微生物研究所のウース教授（Carl Woese；1928 年〜）によって提唱された原核微生物の一群である．真正細菌とは rRNA 遺伝子の塩基配列が大きく異なること

から，独立したドメインを構成する．古細菌には超好熱性細菌，高度好塩菌，メタン生成菌など，極端な環境下で生育する極限環境微生物が多い．

　古細菌は特有のリン脂質を有している．真正細菌や真核生物のリン脂質は，グリセロールに2分子の直鎖脂肪酸がエステル結合（R-COOR'）により連結している．これに対し，古細菌のリン脂質は，グリセロールに枝分れを持つイソプレノイド鎖がエーテル結合（R-O-R'）により結合している．

● 真菌（カビ，酵母，キノコ）●

　菌界（Fungi）に属する生物のうち，生活環の大部分を単細胞で過ごすものを「酵母」，大きな子実体を形成するものを「キノコ」，そのほかのものを「カビ」と呼ぶのが一般的であり，**真菌**と総称される．真菌の細胞には細胞壁と液胞があるので植物の細胞に似ているが，細胞壁の主成分はセルロースではなく，β-1,3-グルカンとキチンである．カビは，太さ2〜10μmの糸状の細胞（菌糸）を伸張することによって生育し，糸状菌とも呼ばれる．

　真菌は真核生物であるから，細胞に雌雄の別があり，両者が接合して**有性生殖**を行う．分類学的には，有性生殖の型によりベン毛菌類・接合菌類・子嚢菌類・担子菌類に分けられる．また，接合を行うことなく無性的にも生殖することが可能であり，通常は**無性生殖**により増殖する（**図1・12**）．

　動物や植物の細胞は2組の染色体を持つ2倍体細胞であり，1倍体細胞は配偶子（卵子と精子）だけであるが，真菌は生活環の大部分が1倍体細胞である．カビは菌糸を伸張することによって生育し，栄養源が乏しくなると空中に気中菌糸を立ち上げて，先端に無性胞子を形成する．無性胞子は，親のカビの細胞とまったく同一の遺伝子組成を持つクローンであり，分類学的には**分生子**と呼ばれる．アオカビやクロカビなど，カビのコロニーに特有の色は分生子の色である．

　雄の細胞と雌の細胞が出会うと，接合して2倍体の接合子を形成し，すぐに減数分裂して1倍体の胞子を形成する（有性世代）．胞子は両親の染色

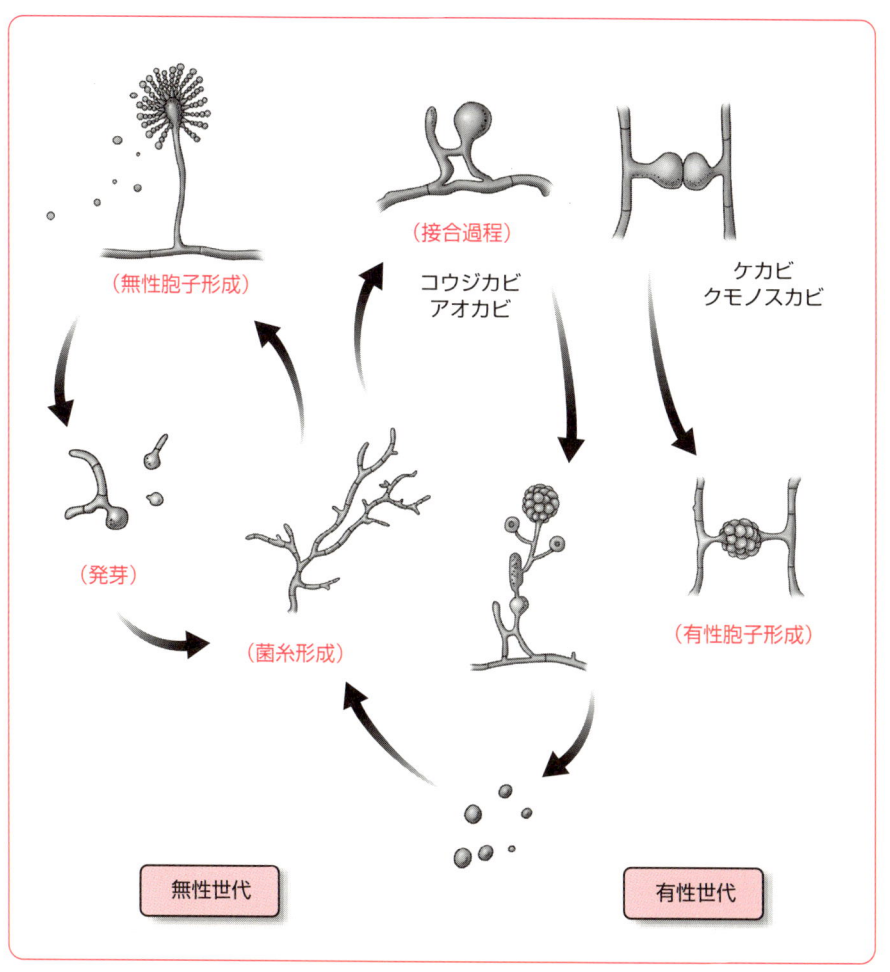

図1・12 カビの無性世代と有性世代

体が混合されているので,遺伝的に多様である.分生子や胞子は空気中を浮遊し,栄養と水分のある場所に着生して発芽し,増殖を始める.コウジカビやアオカビの多くは有性世代が見つかっていないので,もっぱら無性世代の分生子によって増殖する.

(1) 黄麹菌（キコウジ菌）

　コウジカビは，アスペルギルス（*Aspergillus*）属のカビに対する通称である．気中菌糸の先端がふくれて球形の頂のうを形成し，頂のうから放射状に梗子（こうし）が出て連鎖状の分生子が着生する．菌糸は無色であるが，分生子は菌種により白色，黄色，黒色に着色する．

　日本で醸造食品の生産に使用されるカビを**麹菌**という．**黄麹菌**（*Aspergillus oryzae*）は，日本では古くから清酒・味噌・しょう油の醸造に用いられてきた最も役に立つ微生物の一つであり，日本を代表する微生物として，日本醸造学会より「国菌」に認定されている（**図 1・13**）．コロニーは黄緑色であり，強力なアミラーゼ（デンプン分解酵素）やプロテアーゼ（タンパク分解酵素）を大量に産生する．2005 年に日本の研究者によりゲノム構造が解明され，8 本の染色体に分かれた 3700 万塩基対の DNA に約 12000 個の遺伝子が含まれていることが示されている．

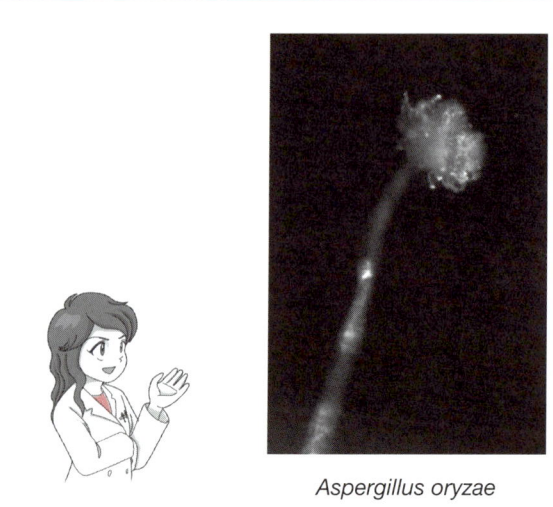

Aspergillus oryzae

図 1・13　黄麹菌

(2) 黒麹菌・白麹菌・紅麹菌（口絵1写真）

　黒麹菌（*Aspergillus niger*, *Aspergillus awamori*）は，黒色の分生子を形成するのでコロニーが黒色に見える．クエン酸などの有機酸の生産能が高く，工業生産に用いられている．また，アミラーゼ活性の強い菌種（*A. awamori*）は，沖縄で泡盛と呼ばれる焼酎の製造に使われている．

　黒麹菌の中から，分生子に色がつかない**白麹菌**（*Aspergillus kawachi*）が分離され，焼酎の製造に用いられている．白麹菌を用いて製造された泡盛は，まろやかな味わいとなるといわれている．

　沖縄の伝統的な発酵食品である豆腐ようの製造には**紅麹菌**（*Monascus anka*）が用いられる．モナスコルビンと呼ばれる鮮やかな紅色の色素を産生することから食紅の生産にも用いられる．

(3) アオカビ

　ペニシリウム（*Penicillium*）属のカビは青色または青緑色の分生子を形成することから，**アオカビ**と呼ばれる．気中菌糸の先端に頂のうがなく，ホ

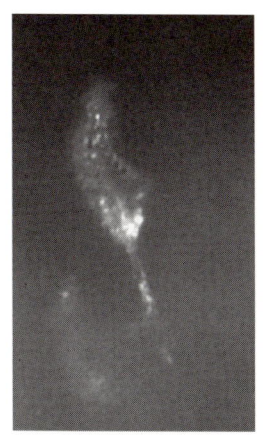

Penicillium crysogenum

図1・14　アオカビ

ウキ状に枝分れしたした梗子(ペニシラス)の先端に分生子が着生する．*Penicillium chrysogenum*(図1・14)は，アメリカでメロン果実から分離されたアオカビであり，抗生物質ペニシリンの工業生産に使われている．

欧米ではカビを食品の製造に用いることは少ないが，カマンベールチーズの製造には *Penicillium camemberti*，ロックホールチーズの製造には *Penicillium roqueforti* が使われる．牛乳のタンパク質であるカゼインを分解して，チーズの熟成と独特の風味を生成する．

(4) **クモノスカビ**

ムコール(*Mucor*)属のカビは**ケカビ**，リゾプス(*Rhizopus*)属のカビは**クモノスカビ**と呼ばれる．両属のカビとも菌糸に隔壁がなく，1 cm を超える気中菌糸の先端に灰色ないし黒色の胞子のうを形成する．古くなった果実，野菜，穀類などに繁殖しているのを見かけることが多い．

Rhizopus oligosporus(図1・15)は，インドネシアの伝統的な大豆発酵食品であるテンペの製造に用いられる．蒸煮した大豆をつぶして少量の酢

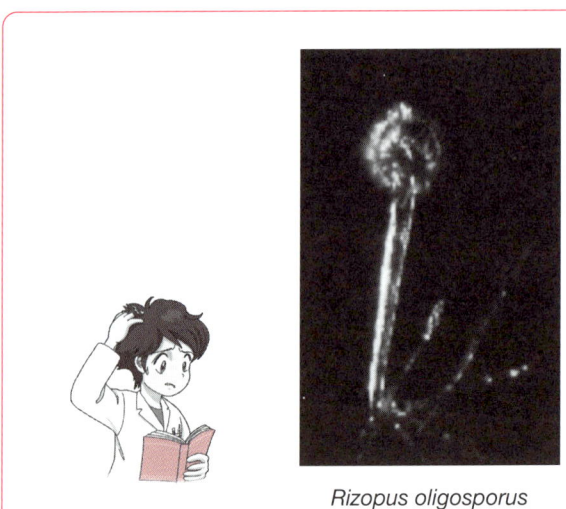

Rizopus oligosporus

図1・15 クモノスカビ

を加え，R. oligosporus を植菌して薄くのばした形で 30℃ に 24 時間程度保存しておくと，白い菌糸が繁殖してテンペが完成する．

(5) 出芽酵母と分裂酵母

酵母（yeast）の細胞は 4〜10 μm の大きさで，細菌より 4〜5 倍大きい．細胞の形状は球形，楕円形，卵形，レモン形，円筒形および偽菌糸形と菌種により多様である．分類学的には，大部分が子のう菌類に属し，子のうと呼ばれる細胞の中に有性胞子を形成する．

多くの酵母は，**出芽**（budding）によって増殖する．細胞の一部が芽が出るようにふくれて，新しい細胞が生まれる．親になった細胞を母細胞（mother cell），新生の細胞を娘細胞（daughter cell）という．一度出芽したところには出芽痕と呼ばれる痕が残るので，同じ場所から再び出芽することはない．

酵母は，土壌・水中など自然界に広く分布している．生育に糖分を必要とするものが多く，そのため果実・野菜・樹木などの表皮に付着していることが多い．

Saccharomyces cerevisiae は，出芽酵母の代表的な菌種である（**図 1・16**）．糖分を分解してアルコールを生成するアルコール発酵能が非常に強いことから，パンの製造，ビール・ワイン・清酒・ウイスキーなどの酒類の醸造に広く用いられている．それぞれ利用目的に適した菌株が長年にわたって選抜育種されており，パン酵母，ビール酵母，ワイン酵母，清酒酵母などが実用に提供されている．

分裂酵母（*Schizosaccharomyces pombe*）はアフリカ東部で飲まれていたポンベ酒から分離された酵母であり，長くのびた細胞の中央に隔壁が形成されて，分裂によって増殖する．出芽酵母 *S. cerevisiae* とともに，真核生物の細胞の営みを解明するために盛んに研究され，細胞分裂機構などに関する基礎的な研究成果が得られている．

出芽した細胞が遊離せずに，連結したまま枝分かれして菌糸のように生育

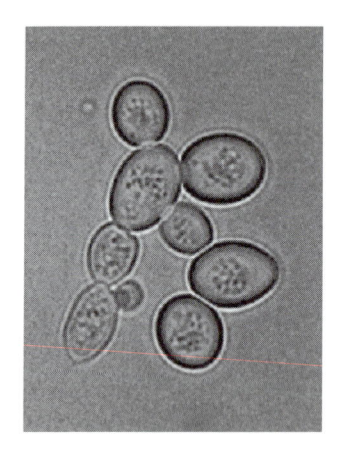

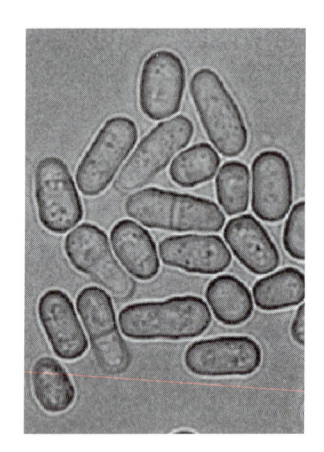

Saccaromyces cerevisiae　　　　*Schizosaccharomyces pombe*

図 1・16　出芽酵母と分裂酵母

する酵母もある．周囲の環境により，酵母型と菌糸型の両方の生育形態をとる二形性酵母である．*Candida utilis* はこのような生育を行う *Candida* 属酵母の代表的な菌種であり，油脂などのさまざまな有機物を利用して生育できる．菌体のエキスは，酵母エキスとして食品の栄養強化などに用いられている．

(6) キノコ

担子菌類のカビの中には，有性世代で菌糸が絡み合った大きな子実体を形成するものがある．子実体の傘の裏に担子器と呼ばれる台を形成し，4 個の胞子を着生する．この子実体が，一般に**キノコ**と呼ばれるものであり，菌種によりさまざまな形をとる．

キノコは腐朽菌と菌根菌に大きく分けることができる．**腐朽菌**は枯れた木の中に菌糸を伸長して，木材のセルロースやリグニンを分解して栄養とする．シイタケ，エノキダケ，マイタケなど人工栽培される食用キノコの多くは腐朽菌である．また，スエヒロタケは食用にはならないが，強力なセルラーゼ

を生産することから工業利用が期待されている.

菌根菌は植物の根に絡みついて生育し,植物から有機物をもらう代わりに,リンや鉄などの無機物を土壌中から集めて植物に与えることにより共生している.菌根菌は,一般に人工栽培が非常に難しく,マツタケやシメジなどは特定の林にしか生育しないので珍重されている.

● 原生生物(藻類,原虫) ●

原生生物界には,アメーバのような単細胞生物から昆布のような巨大な藻類まで多様な生物が含まれており,食品などに利用されるとともに,さまざまな方面から研究されている.

森林の土壌中などに生息する,タマホコリカビと呼ばれる**細胞性粘菌**(*Dictyostelium discoideum*,図1・17)は,アメーバ状の単細胞の時期には盛んに動き回って細菌を捕食し,分裂増殖する.獲物が少なくなってくると,数百万匹が集まってナメクジのような集合体を形成し,小さなキノコ

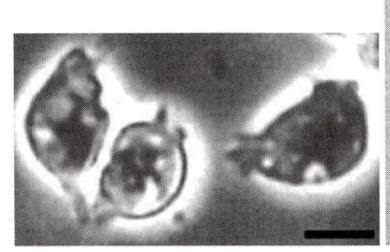

アメーバ体,体長10μm　　　子実体,高さ2mm

タマホコリカビ(*Dictyostelium discoideum*)

図1・17　細胞性粘菌(写真提供:東京大学　足立博之博士)

のような子実体を形成する．子実体の中には，休眠体の細胞が詰まっていて，やがて周囲に拡散し，次の増殖のチャンスを待つ．

ウイルス

ウイルス（virus）はDNAまたはRNAの核酸を持ち，生きた細胞の中でのみ増殖する感染性因子である．タンパク質合成やエネルギー獲得などの機能を持たず，他の細胞に進入して，宿主の細胞のシステムを乗っ取って複製され，組み立てられる．細菌よりさらに小さく（0.2μm以下），電子顕微鏡の力を借りないとその姿を見ることはできない．

ウイルスはDNAまたはRNAの核酸が，キャプシドと呼ばれるタンパク質のケースに詰まっている．さらに，エンベロープと呼ばれる細胞膜を持つウイルスもあり，エンベロープには特有の膜タンパク質が埋め込まれている（図1・18）．

細菌に感染するウイルスを**バクテリオファージ**という．大腸菌に感染する裸のウイルスであるT4ファージは，大腸菌細胞に接触すると吸着して，キャ

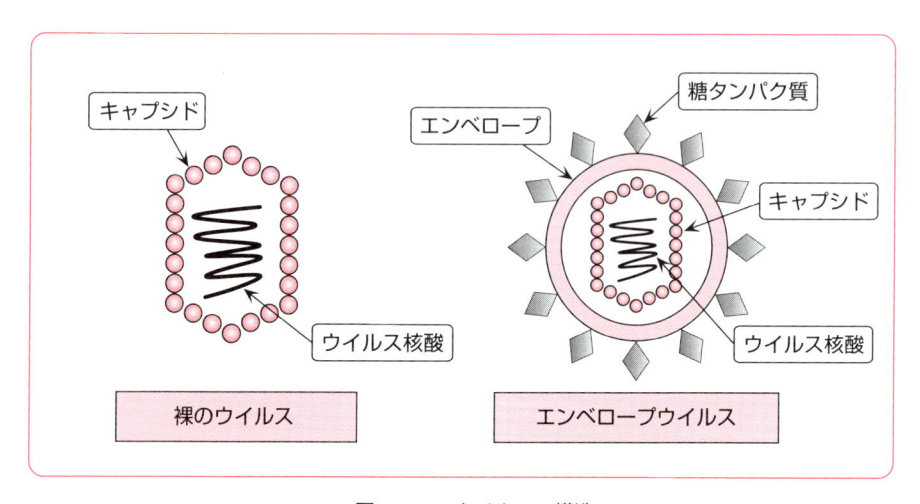

図1・18　ウイルスの構造

プシドの中身の DNA を大腸菌に注入する．ファージの DNA は大腸菌の中で mRNA に転写され，ウイルス DNA やキャプシドタンパク質を合成する．自動的にファージが組み立てられ，やがて宿主の細胞を溶解して，多数のファージ粒子が放出される．また，ファージ DNA が大腸菌の染色体 DNA に組み込まれて，溶原化することがある．この場合，ファージ DNA は大腸菌とともに複製されて増殖し，いつの日か宿主を裏切って大腸菌を溶解してファージ粒子を放出する．

　動物に感染するウイルスは，核酸が RNA でエンベロープを持つものが多い．エンベロープの糖タンパク質により宿主の細胞に吸着すると，細胞に飲み込まれて感染する．宿主細胞の代謝システムを利用して，ウイルス核酸とキャプシドと糖タンパク質を合成する．キャプシドが組み立てられて，宿主細胞から脱出するときに細胞膜の一部を奪ってエンベロープが完成する．

1・3　微生物の細胞構造

原核生物と真核生物

　真正細菌と古細菌は原核生物である．原核生物は，細胞内に核膜がなく染色体 DNA は細胞質に存在し，タンパク質合成の場となるリボソームが浮遊する領域との区分が不明確である．原核生物はすべて単細胞の微生物であり，細胞内膜系は単純である．

　真菌や原生生物は高等動物や植物と同様に真核生物である．真核生物の細胞には，二重の核膜に囲まれた**核**が存在し，染色体 DNA は細胞質と明瞭に区画された核内に格納されている（**図 1・19**）．原核細胞よりも大型で，複雑な細胞内膜系を有している（**表 1・3**）．

Chapter 1 微生物とは

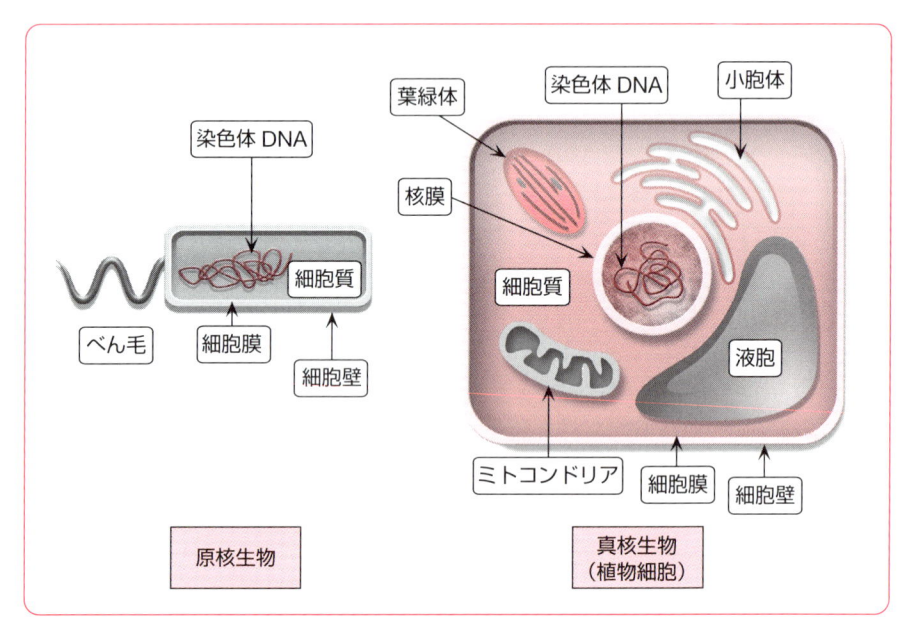

図1・19 原核生物と真核生物（植物細胞）の細胞構造

表1・3 原核生物と真核生物の比較

特 性	原核生物	真核生物
系統学的グループ	真正細菌，古細菌	真菌，原生生物，動物，植物
大きさ	0.5〜2 μm	5〜20 μm
核膜・核	なし	あり
DNA	単一の環状	染色体に分かれる
細胞分裂	有糸分裂をしない	微小管の紡錘糸を伴う有糸分裂をする
内膜系	一部の細菌のみ	小胞体，ゴルジ体などがある
細胞壁	ペプチドグリカン	セルロース，キチン
リボソーム	70S（50S+30S）	80S（60S+40S）
呼吸システム	細胞膜の一部	ミトコンドリア
光合成	細胞膜の一部	葉緑体
運 動	べん毛の回転	繊毛を波打たせる
細胞骨格	なし	微小管，アクチン繊維

原核細胞

　一般的な原核細胞の大きさは 0.5～2μm である．細胞の表層には細胞膜と細胞壁が存在し，べん毛を回転させて遊泳する．細胞内の生体膜は，細胞質膜のみであり，細胞内に膜系を持つ小器官が存在しないので，物質輸送・呼吸・光合成など生体膜を必要とする反応はすべて細胞膜で行われる．リボソームと染色体 DNA が同じ区画にあるので，DNA から mRNA への転写とタンパク質への翻訳が同時に進行することもある．

　光合成細菌などでは，細胞膜の一部が細胞内に入り込んで光合成装置チラコイドを形成する．また，細胞の浮力を調節するガス胞を持つ細菌なども知られている．

　細菌の形状は，糖鎖とペプチドにより架橋されたペプチドグリカンの堅い細胞壁により保たれている．

真核細胞

　真核細胞の大きさは 5～20μm 程度であり，原核生物よりもずっと大きい．細胞の大きさが 10 倍になると，表面積は 100 倍になるが，体積は 1000 倍になるので，相対的に細胞膜の面積が不足する．これを補うために細胞内の膜系が発達し，多様な構造と機能を有する細胞内小器官が存在している（図 1・19）

　真核細胞の染色体 DNA は，ヒストンと呼ばれるタンパク質と結合して核膜に覆われた核内に納められている．DNA から mRNA への転写は核内で行われ，核孔から細胞質へと出て翻訳される．タンパク質への翻訳は，rRNA と数十種類のタンパク質の複合体である**リボソーム**と呼ばれる顆粒で行われる．真核生物のリボソームは 80S（60S＋40S）であり，原核生物のリボソーム 70S（50S＋30S）よりも一回り大きい．細胞質には数千個のリボソームが浮遊している．細胞外へと分泌されるタンパク質は，**小胞体**と呼

ばれる平板状の膜小器官で生産される．次に**ゴルジ体**で成熟し，分泌小胞を経て細胞外へと放出される．植物細胞や真菌細胞には，細胞の膨張や加水分解酵素の貯蔵などの機能を持つ大きな液胞が存在する．

　好気呼吸は**ミトコンドリア**と呼ばれる特有の膜構造を持つ細胞小器官で行われる．ミトコンドリアは外膜と内膜の二重膜を持ち，複雑に出入りする内膜には呼吸とエネルギー生産に関与する多く酵素が含まれている．一方，植物や藻類の細胞には，光合成を担当する**葉緑体**が含まれる．葉緑体の内部にはチラコイド膜が積み重なっており，チトクロムをはじめとする光合成色素と酵素系が含まれている．

　植物と真菌の細胞はセルロースまたはβ-1,3-グリカンとキチンを主成分とする細胞壁により支えられている．動物細胞には細胞壁がないが，細胞内に微小管とアクチン繊維のケーブルが張り巡らされていて，形状を保持している．

Chapter 2

微生物の進化

2·1 　生命の誕生

生命のはじまり

　地球が誕生したのは約 46 億年前である．そのころの地球はメタン，アンモニア，シアン，硫化水素，水素などのガスに満ち溢れ，さらに太陽からの強い宇宙線にさらされ，とても生命が存在できる環境ではなかった．これらのガス中の物質が反応して生命の基になるアミノ酸や有機酸が合成されて，**化学進化**を経て地球最初の生命（原始微生物）が誕生したのは約 38 億年前であると考えられている．約 38 億年前の岩石中に生物起源の炭素（化学化石）が見つかっている．また，西オーストラリア ピルバラ地区ノースポールの 35 億年前のチャート地層からフィラメント状の微生物化石（微化石）が発見されている（図 2·1）．自己保存と自己増殖という生命活動が始まったのは，地球誕生から実に約 10 億年後であった．まだ酸素は存在せず，もちろん大気も形成されていなかったので，昼と夜の温度差は極めて大きく，また強烈な紫外線が降り注ぎ，生命活動にとっては厳しい環境であったろう．このような環境下を生きた原始微生物は生命活動に酸素を必要としない嫌気性の微生物で，それはおそらく温度差が小さく，紫外線も届かない原始海中で誕生したと考えられている．原始微生物の誕生からさらに約 11 億年経過した約 22 億年前には，嫌気性の光合成細菌が出現した．その後，酸素発生型光合成細菌の出現により，大気中に徐々に酸素が蓄積してくると，酸素を必要とする好気性生物の生存できる環境が形成されてくる．無生物の期間の

Chapter 2 微生物の進化

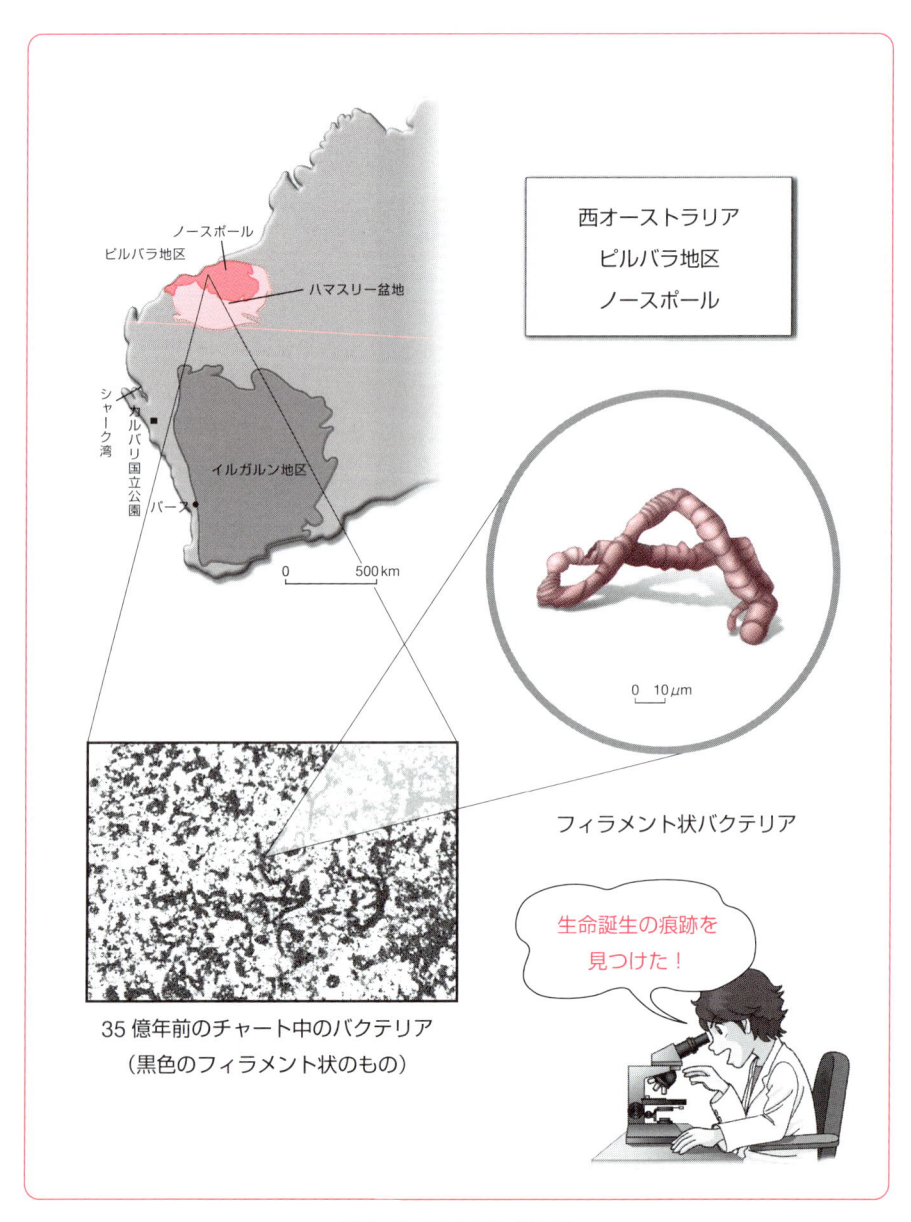

図2・1 最古の生命化石

長く続いた地球上にようやく"生物圏"が形成されたことになる．その生命圏形成の端緒となった微生物は，現在地球上の海洋，陸上，地殻内，大気から動物の体内まで，いたるところに分布している．自然界は微生物で充満しているといってよい．今も広い宇宙のどこかに，35億年前の地球と同じように小さな生命をひそかに育む星があるのではなかろうか．

細胞内共生説

地球上のすべての生物は，細胞の構造の違いによって原核生物と真核生物のどちらかに分けられる．遺伝情報をつかさどる DNA が，細胞の核という"入れもの"の中に守られているか否かが大きな違いである．また真核生物の細胞内には，いろいろな作業をする小さな構造体（細胞内小器官）としてミトコンドリア，葉緑体，リボソームと呼ばれるものが存在する．約 21 億年前に出現した真核生物は，一体どのようして誕生したのであろうか．これまでの研究結果から，細胞内小器官の働きは原核生物のものとよく似ていることが明らかにされた．ミトコンドリアと葉緑体は，それぞれ独自の DNA を持っていて，核の中の DNA とは独立に複製され，ミトコンドリアと葉緑体がもともと独立した生物体であったことを示している．このことは，ある生物の細胞がほかの細胞内に取り込まれて真核生物となったといわれる，リン・マーギュリス（L. Margulis；1938 年〜）が提唱した「**細胞内共生説**」が，いまでは広く受け入れられている．共生とは，異なる生物が同じところで相互に関係を有することで，真核生物の中の呼吸系をつかさどるミトコンドリアは，もともと呼吸能力を獲得していた原核生物が別の細胞内に共生したものと考えられている．また，酸素発生型の光合成能力を持つ葉緑体は，もともとシアノバクテリアだったものが別の細胞内に共生したものとみなされ，結果として真核生物であるクロレラや植物の祖先になったといわれている（**図 2・2**，**図 2・3**）．宿主になった細胞（真核生物の祖先）の起源は，わかっていない．

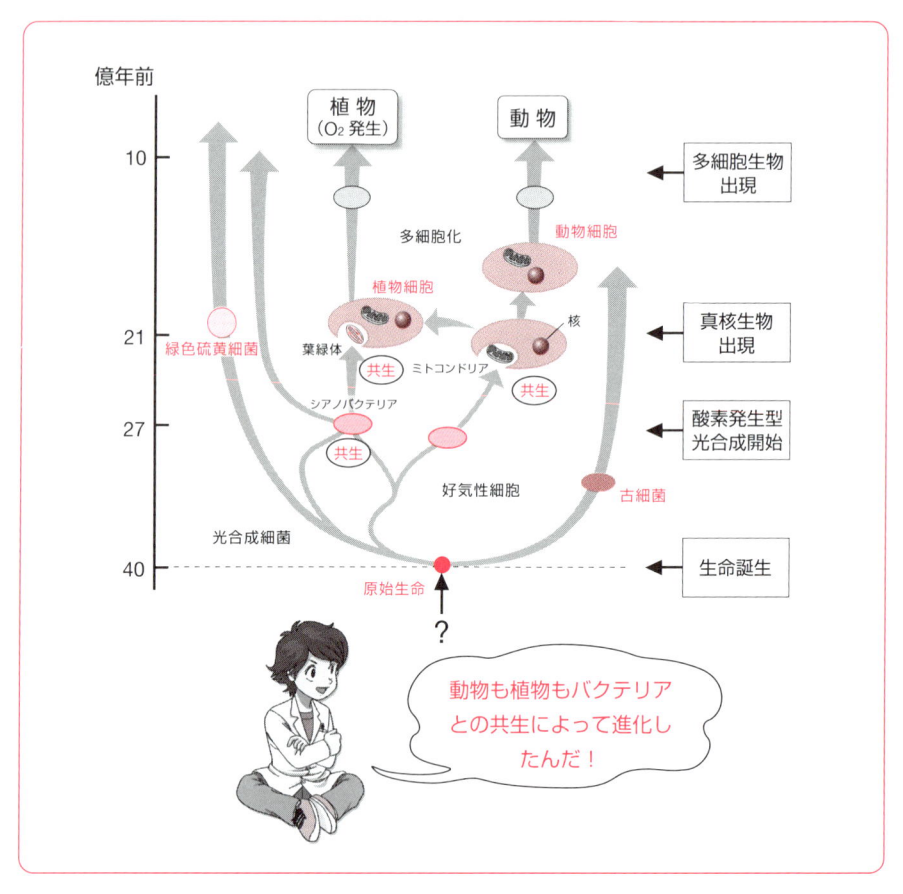

図2・2　細胞の共生と真核生物の謎

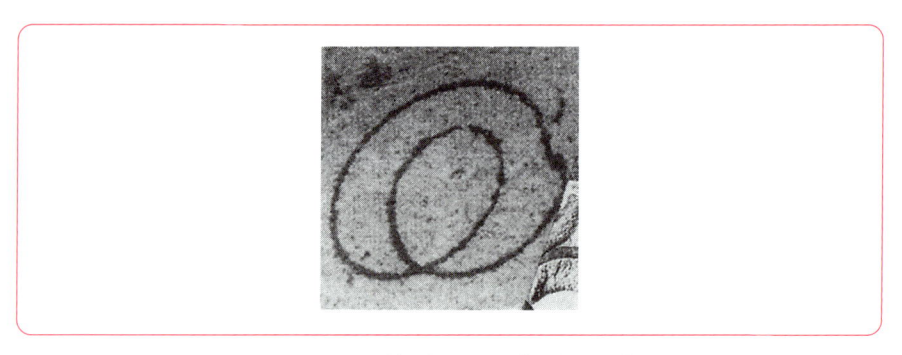

図2・3　最古の真核生物の化石グリパニア（線状）

2・2 遺伝子に刻まれた進化

分子進化

　現在，地球上には細菌から原生動物，植物，動物，人間までさまざまな生物がいる．約 38 億年前に原始生命が誕生して以来，生物は長い時間を経て，どのようにして今日のような多様な生物に進化していったのだろうか．これまで進化を調べる方法としては，過去に生きていた生物の化石同士や，現在生きている生物との形態的面から比較する伝統的な方法によって行われていた．これらの進化の研究に加え，近年の分子生物学の進展により，過去の生物の化石に頼ることなく"現存する"生物の DNA やタンパク質の配列比較から生物の進化を辿れるようになった．

　生物の進化はその種全体で起こった変化と見えるが，生物の突然変異はその種の個々に起こっている．その変化は DNA 上の変化で，DNA が複製されるときに起こる塩基配列の変化（置換や欠失）によっている．その変化が種全体に安定した形で広がったときに生物の進化と見ることができる．生存にとって有利な変異を持った生物が，生存競争に勝ち残り，より多くの子孫を残して進化していくダーウィンの自然淘汰説が有名であるが，木村資生（1924 ～ 1994 年）は，分子レベルの遺伝子進化は自然淘汰により引き起こされるだけではないとする「**分子進化の中立説**」を提唱している．生物の生存にとって有利でも不利でもない中立的な変異が常に起こっており，生存のために有利な変化の場合は子孫は増え，不利の場合は減る．生存に影響のない遺伝子上で起きた細かな変化では子孫を残せる確率は変わらない．それが偶然に種に広まり定着し，その変異の蓄積が分子レベルの進化となり，進化が起こると考えられている．最近の遺伝子やアミノ酸配列からの進化研究により，かなりの数の中立的な突然変異が起きていることがわかってきた．

進化系統樹

1970年代，生物に共通に存在するシトクロム，フェレドキシン，5S rRNA などの塩基配列を基にした系統分類学が分子生物学の発展とともに盛んになってきた．

1987年，米国イリノイ大学のカール・ウーズ（C. R. Woese；1928年～）はタンパク質合成にかかわるリボソームの小サブユニットを構成する 16S rRNA の塩基配列を用いて原核生物の系統分類を行った結果，原核生物は**真正細菌**（Bacteria）と**古細菌**（Archaea）の二つに分かれることを示した．

16S rRNA は，生物の機能を示す遺伝子の保存性が高い上，機能変化の遺伝子変異が極めて低いので，生物間同士の配列比較が可能である．また，遺伝子の長さが約 1600 塩基対でポリメラーゼ反応で容易に塩基配列情報が得られ，生物間の比較に適している．真核生物では，18S rRNA が用いられている．得られた遺伝子情報に基づいた系統樹から，微生物間の近縁種の位置関係がわかる．たとえば，細菌の場合 16S rRNA の遺伝子の相同値が 97％以下であれば別種であると推定するなど，最近の微生物分類では欠かせない情報となっている．

系統樹の作成の計算方法にはいろいろあるが，代表的な計算方法として**近隣接合法**（NJ法：Neighbor-Joining method）がよく用いられている（図2・4）．

DNAによる微生物の同定

微生物の分類は，その形態や生育特性などに基づいて分類が行われる古典的な分類法（クラシック分類法）がある．これらの従来の表現形質による分類法に加え，全菌体または菌体の一部の化学組成がともに広く用いられるようになった．化学組成としては，菌体の脂肪酸組成，リン脂質，イソプレノイドキノン，シトクロム組成，細胞壁多糖の分析がある．

2・2 遺伝子に刻まれた進化

	門 (division)
Bacillus subtilis / *Clostridiun butyricum* / *Mycoplasma mycoides*	(Firmicutes)
Fusobacterium nucleatum	(Fusobacteria)
Acidobacterium capsulatum	(Acidobacteria)
Chrysiogenes arsenatis	(Chrysiogenetes)
Treponema pallidum	(Spirochaetes)
Rhodobacter capsulatus / *Desulfobacterium autotrophicum* / *Burkholderia cepacia* / *Escherichia coli* / *Campylobacter fetus*	(Proteobacteria)
Chlorobium limicola	(Chlorobi)
Bacteroides fragilis	(Bacteroidetes)
Prochlorococcus marinus / *Cyanobacterium stanieri* / *Pleurocapsa minor* / *Oscillatoria spongeliae* / *Stigonema ocellatum* / *Nostoc commune*	(Cyanobacteria)
Gemmatimonas aurantiaca	(Gemmatimonadetes)
Fibrobacter succinogenes	(Fibrobacteres)
Deinococcus radiodurans	(Deinococcus-Thermus)
Verrucomicrobium spinosum / *Chlamydia trachomatis* / *Lentisphaera araneosa*	(Chlamydiae Verrucomicrobia)
Planctomyces maris	(Planctomycetes)
Deferribacter abyssi	(Deferribacteres)
Actinomyces bovis	(Actinobacteria)
Nitrospira marina	(Nitrospirae)
Dictyoglomus thermophilum	(Dictyoglomi)
Dehalococcoides ethenogenes / *Anaerolinea thermophila* / *Chloroflexus aurantiacus* / *Thermomicrobium roseum*	(Chloroflexi)
Aquifex pyrophilus	(Aquificae)
Thermotoga maritima	(Thermotogae)
Thermodesulfobacterium commune	(Thermodesulfobacteria)
Thermoproteus neutrophilus	(Crenarchaeota)
Nanoarchaeum equitans	(Nanoarchaeota)
Methanococcus vannielii	(Euryarchaeota)

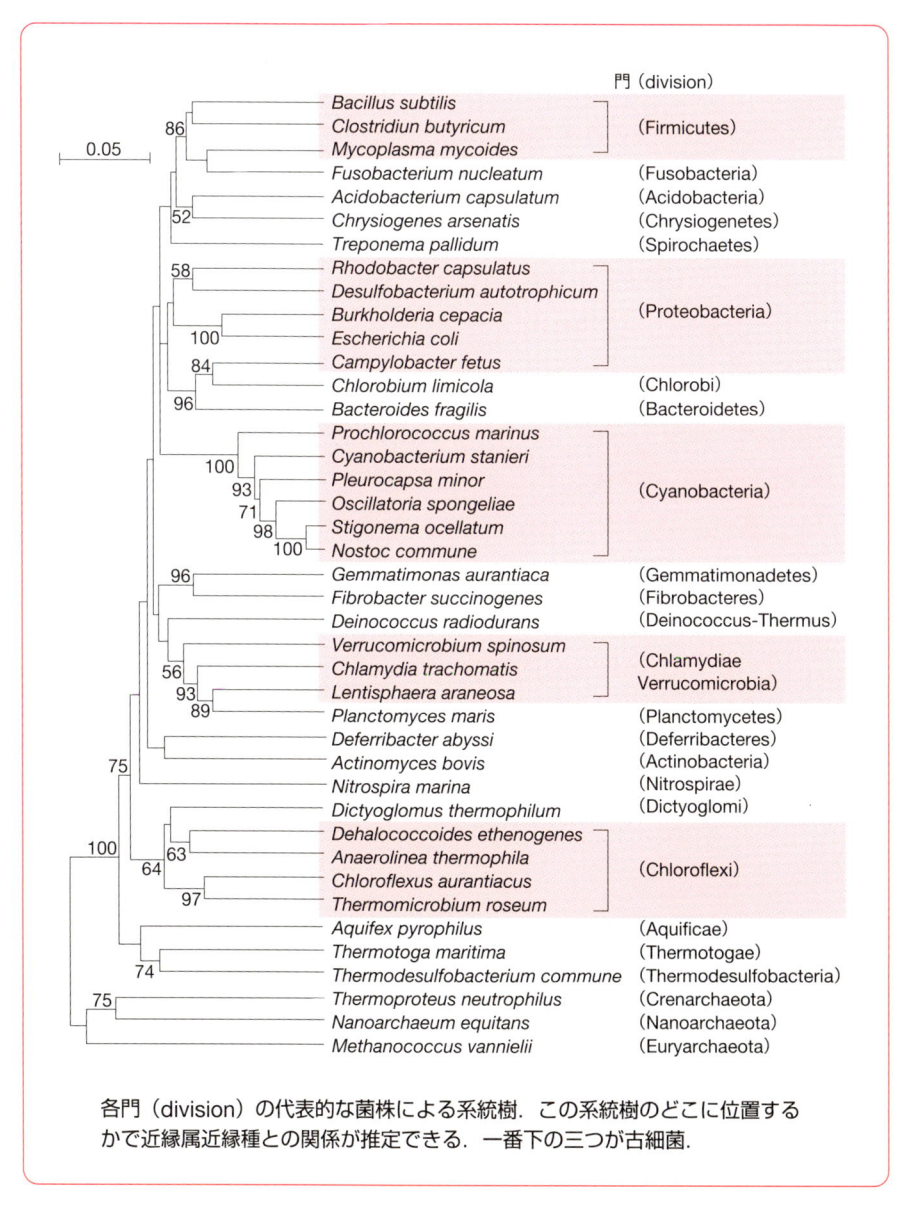

各門 (division) の代表的な菌株による系統樹．この系統樹のどこに位置するかで近縁属近縁種との関係が推定できる．一番下の三つが古細菌．

図 2・4 真正細菌（バクテリア）と古細菌（アーキア）の 16S rRNA 遺伝子の NJ 法による系統樹

さらに，微生物のDNA情報は微生物分類において最も重要な情報である．最も広く使われているのがリボソーム遺伝子解析である．これによって菌株同士の相同性や近縁種の推定が行われている．DNAを使った同定試験で最も重要なのが **DNA-DNA ハイブリダイゼーション** で，微生物の種が同一か異なるかを決める最終的判断はDNA-DNAハイブリダイゼーションによって決められている．現在ではその相同値が70％以上のものを同一種とする．50〜70％の範囲のものを亜種とする場合もあるが，亜種については絶対的なものではない．よく用いられている16S rRNAの相同値などは，あくまでも参考値である．DNA-DNAハイブリダイゼーションは一本鎖のDNAが穏やかに温度を下げることで2本鎖DNAに再会合する．この異なるDNA同士の再会合反応の程度からDNAの塩基配列の類似度を求め，生物間の類縁性を決定する方法である．DNA-DNAハイブリダイゼーション実験では従来はメンブレンフィルタと放射性物質（RI）標識したDNAを用いた方法が行われていたが，最近ではマイクロフィルターと安全な蛍光物質を利用した測定法がよく用いられている．

Chapter 3

微生物の物質代謝

3・1　エネルギーの生成

同化と異化

　生物が外界と物質をやり取りしながら生命を維持し，生育していくために必要なエネルギーと生体成分を得るために行う化学反応を**代謝**という．代謝には，**同化**と**異化**の二つの方向がある．外界から取り入れた無機物質や有機化合物から，より複雑な化合物を合成して生体成分を作り出す代謝を同化という．核酸，タンパク質，多糖，脂質などの高分子化合物を合成する反応は同化反応である．これに対し，取り入れた有機化合物を低分子の成分に分解する代謝を異化という．同化はエネルギーを消費し，異化はエネルギーを生成する．ATP の合成と分解を中心とした代謝反応を**エネルギー代謝**といい，物質の変化から見た代謝反応を物質代謝という．

　生体内で起こっている多様な代謝反応は，それぞれその反応だけを触媒する酵素の作用によって進行する．代謝反応の多くはすべての生物間で共通であり，同一の経路をたどって進行する．

解糖系

　解糖系はグルコースの分解経路であり，酸素がなくても進行するエネルギー獲得反応である．この経路に関連する酵素は細胞質に存在するので，細胞質で進行する反応である．炭素数 6 個のグルコース（$C_6H_{12}O_6$）1 分子が分解されて，炭素数 3 個のピルビン酸（$CH_3COCOOH$）2 分子になる経路

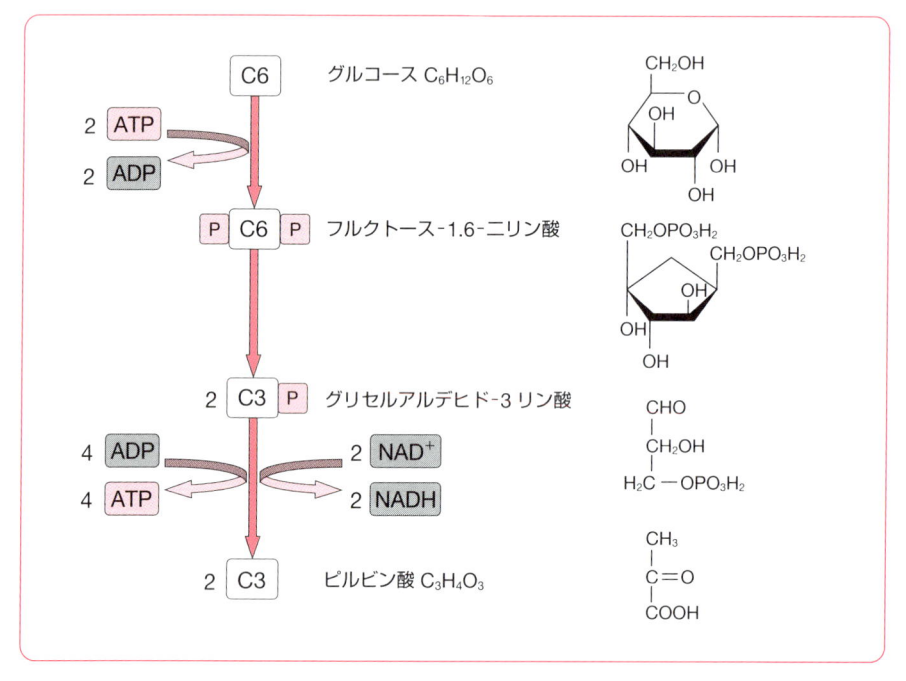

図3·1 解 糖 系

である（図3·1）．二糖類および多糖類はグルコースなどの単糖に加水分解されてから，この経路に入って処理される．

解糖系では2分子のATPが消費され，4分子のATPが生成されるので，差し引き2分子のATPが得られる．ピルビン酸はグルコースよりも酸化された化合物であり，解糖系路の間に補酵素のNAD$^+$がNADHに還元されている．

アルコール発酵と乳酸発酵

酸素が存在しない環境では，解糖系で生成したNADHをNAD$^+$に戻さなければ反応を継続することができない．炭水化物が微生物によって無酸素的に分解されることを狭い意味での**発酵**といい，酸素がない条件下では発酵が起こる．解糖系で生じたピルビン酸（$CH_3COCOOH$）が乳酸デヒドロゲナー

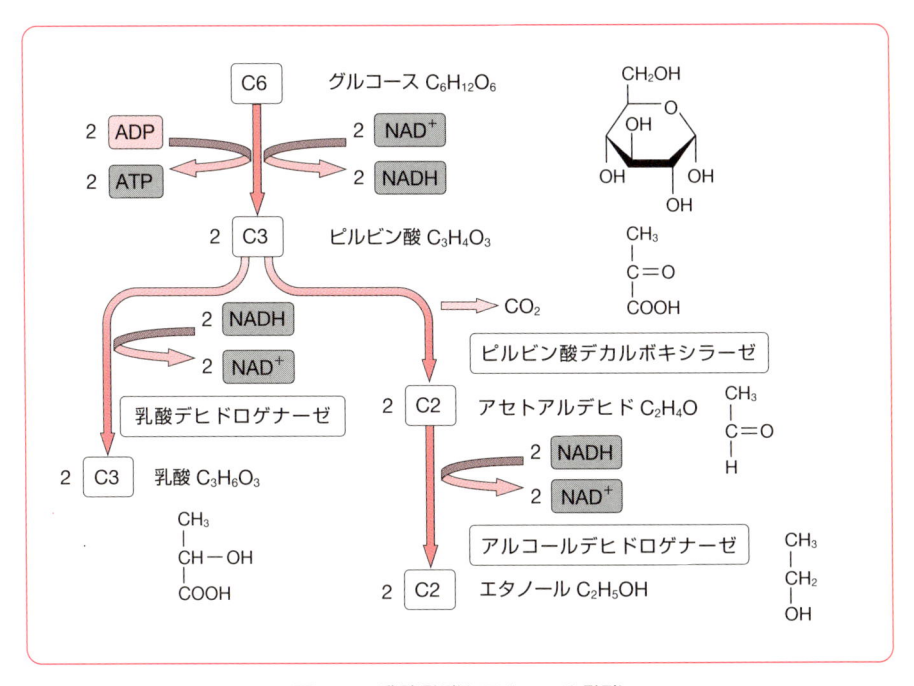

図3・2 乳酸発酵とアルコール発酵

ゼの作用により，NADH を消費して還元されると乳酸（$CH_3CH(OH)COOH$）が生じる．これが**乳酸発酵**である（**図3・2**）．

$$C_6H_{12}O_6 \rightarrow 2CH_3CH(OH)COOH \quad (+47\,\text{kcal})$$

一方，ピルビン酸（$CH_3COCOOH$）からピルビン酸デカルボキシラーゼの作用によって二酸化炭素が（CO_2）が脱離してアセトアルデヒド（CH_3CHO）を生じた後，アルコールデヒドロゲナーゼの作用によりアセトアルデヒドが還元されると，エタノール（C_2H_5OH）が生じる．これが**アルコール発酵**である（**図3・2**）．

$$C_6H_{12}O_6 \rightarrow 2C_2H_5OH + 2CO_2 \quad (+40\,\text{kcal})$$

発酵によってグルコース 1 分子から得られるエネルギーは ATP 2 分子で

あり，これは約 15 kcal（ATP 1 分子が遊離するエネルギーは 7.4 kcal）に相当する．

乳酸菌は強い乳酸デヒドロゲナーゼを持っているので，乳酸発酵が優先する．一方，パン酵母や清酒酵母は乳酸デヒドロゲナーゼ活性が非常に弱く，代わりに強いアルコールデヒドロゲナーゼを持っているので，主としてアルコール発酵を行うことになる．

> ATP（アデノシン三リン酸）：アデニン・リボース・リン酸 3 分子からなる生体における高エネルギー化合物．リン酸を 1 分子放出する際にエネルギーを遊離する．
>
> NAD^+ と NADH（ニコチンアミドアデニンジヌクレオチド）：生体内の酸化還元反応のときに電子（e^-）の受け渡しをする分子であり，酵素反応を助ける補酵素として働く．酸化型（NAD^+）が，2 個の電子または H 原子を受け取ると還元型（NADH）に変換する．

TCA 回路（クエン酸回路）

TCA 回路は解糖系で生成したピルビン酸（$CH_3COCOOH$）を，二酸化炭素（CO_2）と H 原子に分解する反応であり，酸素が存在しないと進行しない．TCA 回路に関連する酵素は，真核生物ではミトコンドリアに存在する．

ピルビン酸は，まず補酵素 CoA と反応してアセチル CoA になり，TCA 回路に入ってオキザロ酢酸と反応してクエン酸となり，イソクエン酸，2-オキソグルタル酸，コハク酸，フマル酸，リンゴ酸，オキサロ酢酸の順に変化する（図 3・3）．TCA 回路が一巡すると，二酸化炭素 3 分子と ATP1 分子と 6 原子の水素（H）原子が生成する．H 原子は NAD^+ に受け取られて NADH を生成する．

> CoA（補酵素 A）：アセチル基（CH_3CO^-）などのアシル基を運ぶ補酵素．

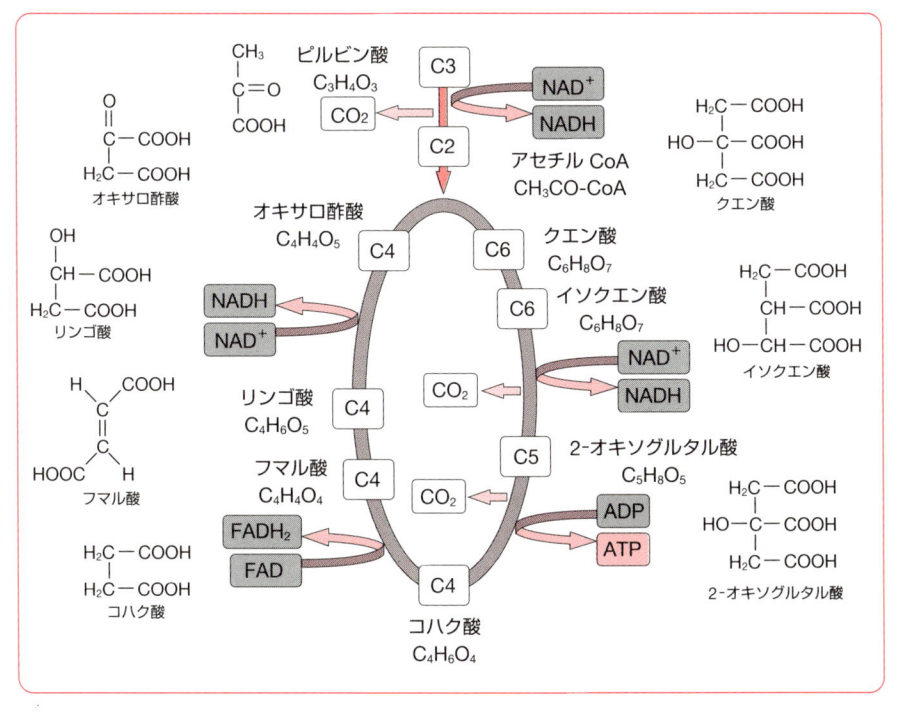

図 3・3 TCA 回路

電子伝達系と ATP 合成

TCA 回路で生じた NADH は,電子伝達系で電子（e^-）を放出して NAD^+ に戻る.電子伝達系は,原核生物では細胞膜に,真核生物ではミトコンドリアの内膜上に存在し,酸素を必要とする.

電子伝達系に入った電子は,三つのタンパク質複合体を通過して,その際に 1 個ずつ水素イオン（H^+）を細胞膜の外に運び出す.最終的に酸素（O_2）と結合して水分子（H_2O）に変換される.電子伝達系の駆動により膜の外側の H^+ 濃度が徐々に高くなり,H^+ の濃度勾配を生じる.この H^+ が膜の内側に戻ろうとするときのエネルギーを用いて,**ATP 合成酵素**は生体内のエネルギー分子である ATP を生産することができる（図 3・4）.

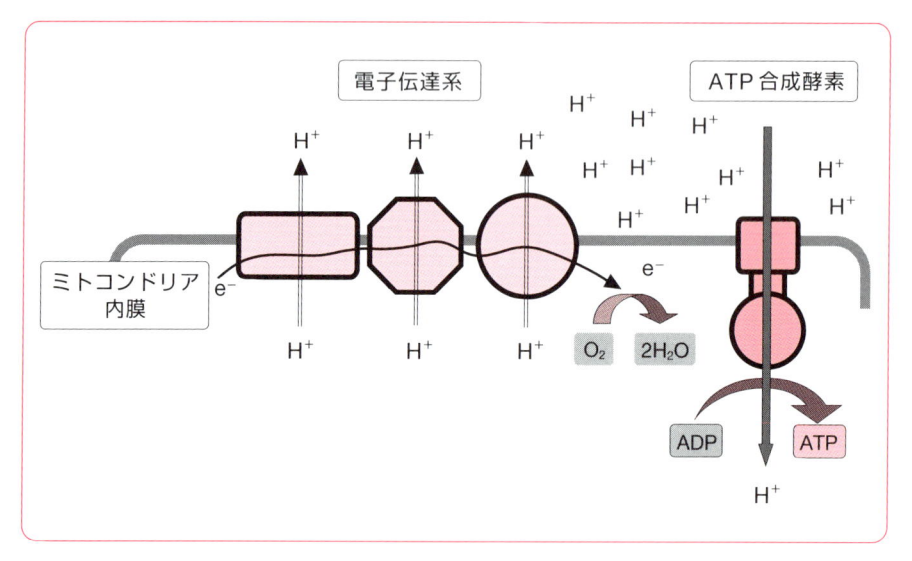

図 3・4　電子伝達系と ATP 合成

　グルコース（$C_6H_{12}O_6$）1 分子が解糖系，TCA 回路を経て電子伝達系に入り，完全に 6 分子の CO_2 と 6 分子の H_2O にまで分解される過程で，ATP は総計 38 分子生成する．これは 281 kcal（38×7.4 kcal）のエネルギーに相当する．グルコースの完全燃焼により生成する熱量は 686 kcal であるから，

$$C_6H_{12}O_6 + 6O_2 \rightarrow 6CO_2 + 6H_2O \quad (+686\,\mathrm{kcal})$$

TCA 回路によりグルコースから ATP として回収できるエネルギーは，(281/686)×100 ＝ 41％ となる．グルコース 1 分子から ATP が 2 分子しか取り出せない解糖系に比べて，酸素を利用できる TCA 回路と電子伝達系のエネルギー利用効率が非常に高いことがわかる．

光合成

　植物や一部の微生物は，光合成により光エネルギーを利用して二酸化炭素

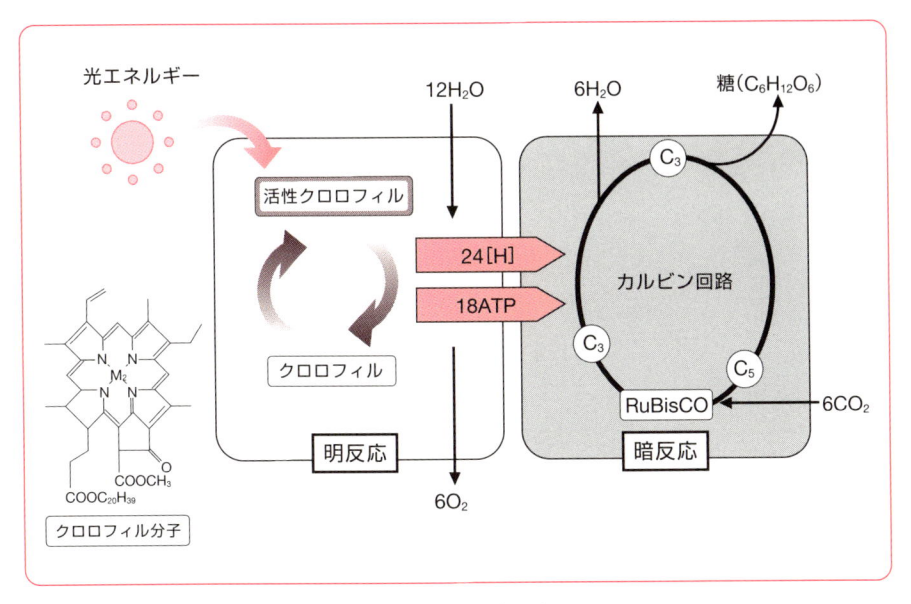

図3·5 光合成

（CO_2）から有機物を合成することができる．植物の**光合成**は細胞内の葉緑体で行われ，光合成細菌とは細胞膜の一部が細胞内に入り込んで光合成膜として機能する．光合成は複雑な反応系であるが，大きく明反応と暗反応に分けることができる．

明反応では，葉緑体に存在する**クロロフィル**という分子が光を捕捉して活性化し，水分子（H_2O）を酸素（O_2）に分解して還元力としての水素原子（H）とエネルギー源としてのATPを生成する．H原子は酸化型の補酵素$NADP^+$に受け渡されて，NADPHの形で次の暗反応に進む（**図3·5**）．

暗反応では，明反応で得られた還元力（NADPH）とATPエネルギーを用いて，**カルビン回路**と呼ばれる反応系によりCO_2を還元して糖分子を合成する（図3·5）．この中では，カルビン回路にCO_2分子を取り込む反応が最も重要であり，この反応を触媒するリブロース-ビスリン酸カルボキシラーゼ（RuBisCO）は，地球上で最も量の多いタンパク質であるといわれ

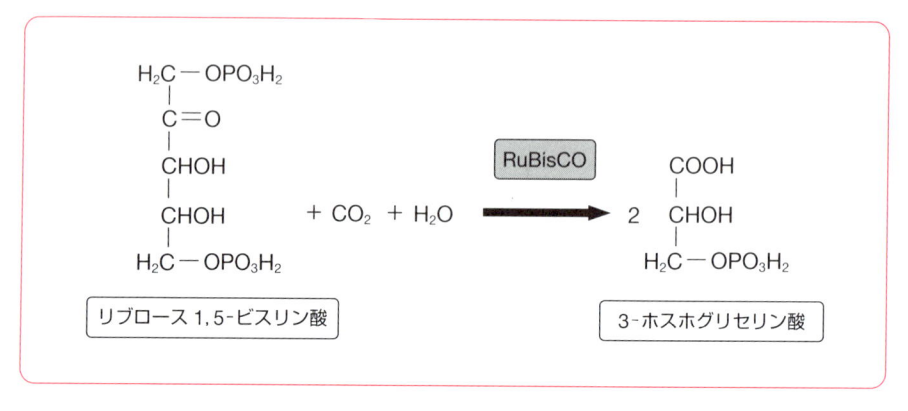

$$\text{リブロース 1,5-ビスリン酸} + CO_2 + H_2O \xrightarrow{\text{RuBisCO}} 2 \text{ 3-ホスホグリセリン酸}$$

図 3・6　CO_2 固定反応

ている（図 3・6）．光合成反応全体では，6 分子の CO_2 と 6 分子の H_2O から 1 分子の糖を生成して，6 分子の O_2 ガスを放出する．

$$6CO_2 + 6H_2O \rightarrow C_6H_{12}O_6 + 6O_2$$

原核生物の中で，シアノバクテリアは植物と同様の酸素発生型の光合成を行うことができる．しかし，光合成細菌の多くは明反応の一部を欠いているため，H_2O 分子を分解することができない．そのため，光合成細菌は，$Na_2S_2O_3$，H_2S，H_2 などの無機化合物やエタノール，乳酸，コハク酸などの有機化合物を利用し，O_2 を発生しない光合成を行う．

3・2　生 合 成

糖類の生合成と貯蔵

生物は必要に応じて，解糖系を逆行させてグルコースを生成することもできる．この経路は**糖新生**と呼ばれ，進行させるためには ATP エネルギーを

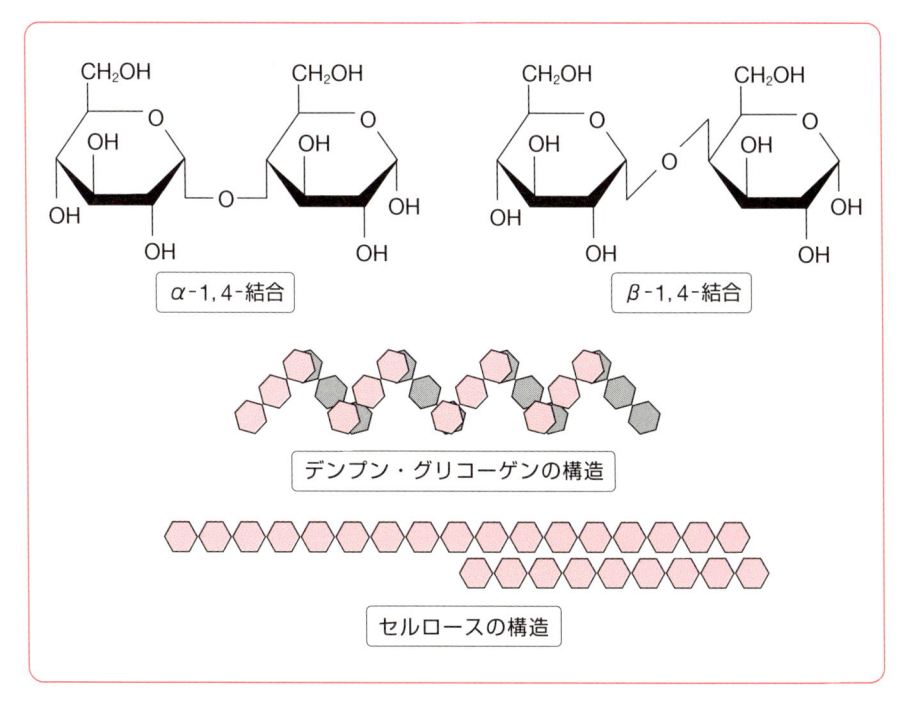

図 3・7　デンプンとセルロースの結合

投入する必要がある．

　細胞内にエネルギー源として糖を貯蔵するときには，細胞内の溶液の浸透圧を高くしないために，水に溶けない形にする．グルコースは水によく溶ける分子であるが，多数連結して高分子となると水に溶けにくくなる．グルコース分子の連結にはさまざまな様式があるが，1位と4位の炭素原子が結合に関与する α-1,4-結合と β-1,4-結合が最も一般的である（図3・7）．

　グルコース分子が α-1,4-結合により多数連結すると，らせん状の高分子となる．基本構造は同一でも，植物に由来するものを**デンプン**，動物や微生物が生産するものを**グリコーゲン**という．

　一方，グルコース分子が β-1,4-結合により多数連結すると直鎖状の高分子である**セルロース**となる．セルロースは植物の細胞壁主成分であり，地球

上で最も大量に存在する有機物質である.

🔴 脂肪とリン脂質 🔴

脂肪（中性脂肪）は1分子の**グリセロール**に3分子の**脂肪酸**がエステル結合して生成する．脂肪酸はカルボキシル基（－COOH）と長い炭化水素鎖を持つ分子であり，炭化水素鎖の影響で疎水性が強い．脂肪（油）が溶ける温度は，成分の脂肪酸の種類によって決まる．生体内の脂肪酸の大部分は炭素数が16個または18個である．炭化水素鎖中に2重結合を含まないものを**飽和脂肪酸**といい，2重結合を含むものを**不飽和脂肪酸**という．不飽和脂肪酸の多い脂肪は，低い温度で溶ける．脂肪は細胞内では油滴となって存在し，エネルギーの貯蔵に用いられる（図3・8）．

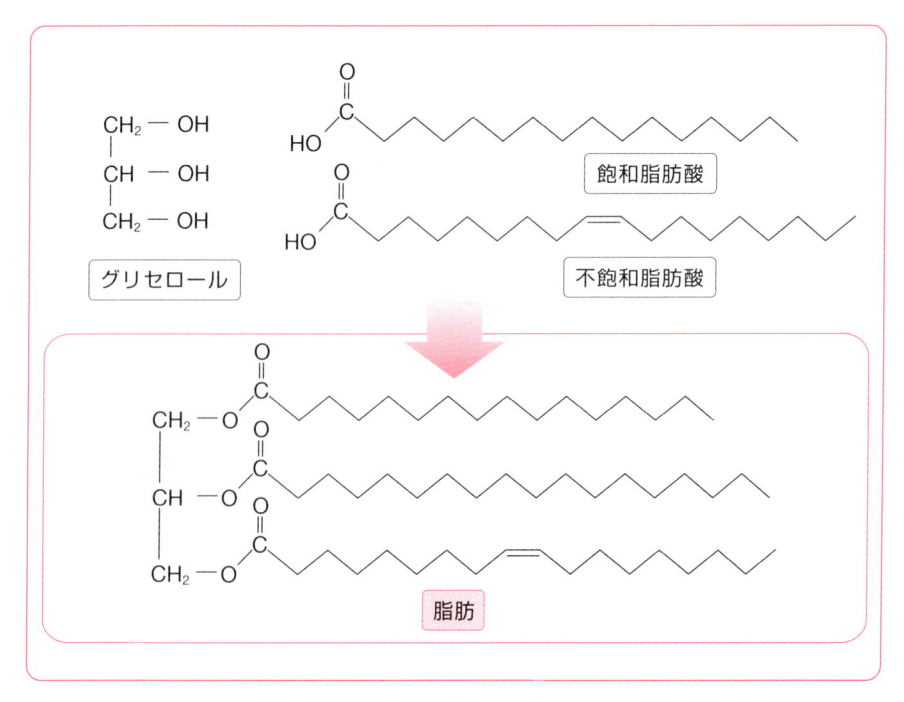

図3・8 脂　　肪

グリセロールの三つの $-OH$ 基のうち 2 個に脂肪酸が結合し，残りの 1 個にリン酸基とコリン（またはセリン，エタノールアミン）が結合した化合物を**リン脂質**という（図 3・9）．リン脂質は，分子内に脂肪酸の炭化水素鎖

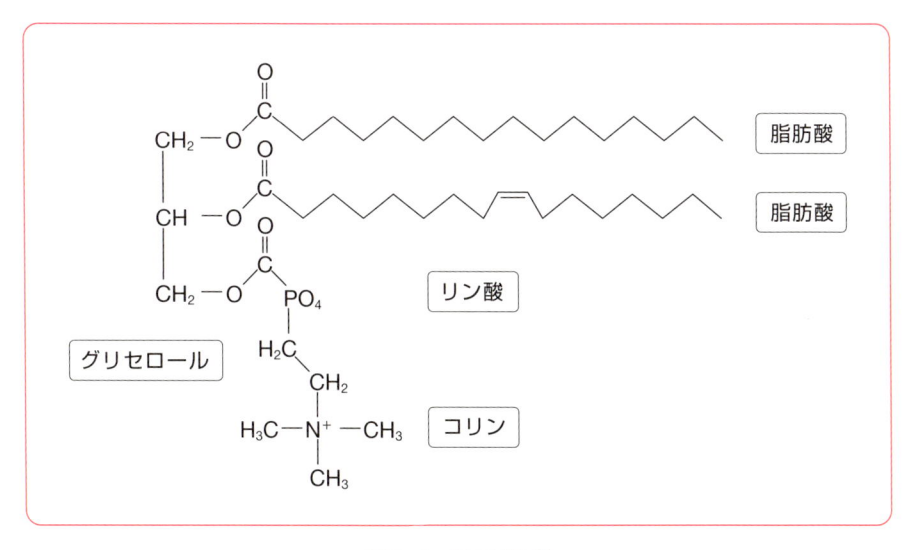

図3・9　リン脂質

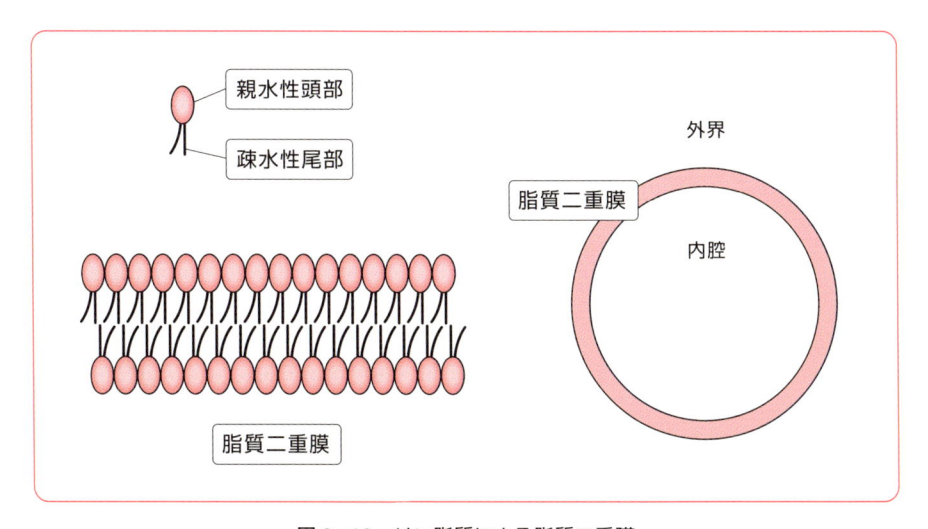

図3・10　リン脂質による脂質二重膜

の疎水性尾部とリン酸基を含む親水性頭部の両方が存在する．リン脂質は細胞内では疎水性の尾部が互いに向き合って，**脂質二重膜**と呼ばれる層をつくる．リン脂質は生体の膜の主成分であり，脂質二重膜に囲まれて外界から隔てられることによって細胞が形成され，生命を維持する基本単位となっている（図3・10）．

アミノ酸の生合成

アミノ酸は分子内にアミノ基（$-NH_2$）とカルボキシル基（$-COOH$）を持つ有機化合物である．アミノ基が付いている炭素原子をα炭素という．タンパク質の成分となるアミノ酸は，すべてα炭素にカルボキシル基も結合しているので，α-アミノ酸という．

炭素 C 原子に四つとも異なる官能基が結合している場合，右手と左手の関係のように左右対称の2種類の分子が存在することになる．このような炭素原子を**不斉炭素**といい，これらの分子を**光学異性体**という．アミノ酸にはL-アミノ酸とD-アミノ酸の光学異性体が存在する（図3・11）．

タンパク質の成分であるアミノ酸はすべてL-アミノ酸であり，C 原子にアミノ基（$-NH_2$）とカルボキシル基（$-COOH$）と水素原子（$-H$），お

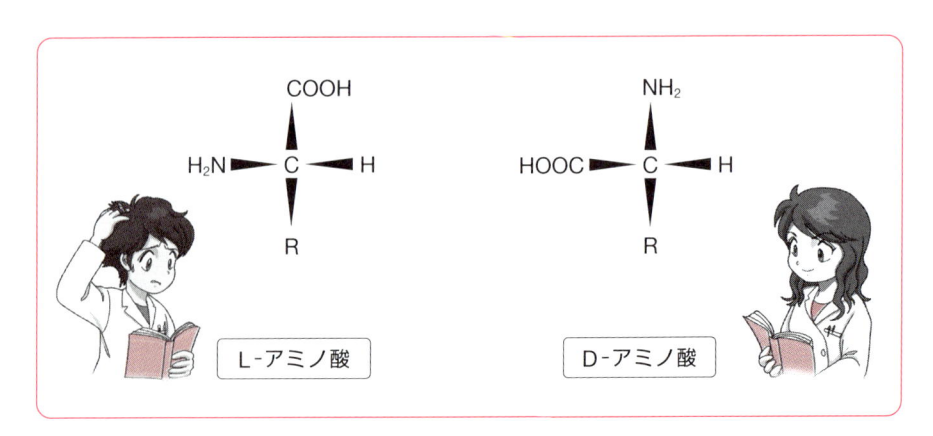

図3・11　アミノ酸

および任意の官能基（-R）が結合している．官能基の種類によって20種類のアミノ酸が存在する．L-アミノ酸のグルタミン酸ナトリウムはうま味調味料の成分であるが，D-アミノ酸のグルタミン酸ナトリウムはまったく味がせず，栄養素として利用することもできない．

　生物が必要とする各種のアミノ酸や核酸の塩基，脂肪酸などの材料は，解糖系やTCA回路の中間体から得られる（図3・12）．それぞれ，何段階もの化学反応を経て合成されるので，生体内では代謝経路が複雑なネットワークを形成している．各々の経路に関与する酵素が一つでも欠けていると関係する有機化合物を合成することができないので，外部から吸収しなければ生育できない．

　ヒトの場合，ロイシン（Leu），イソロイシン（Ile），リジン（Lys），バ

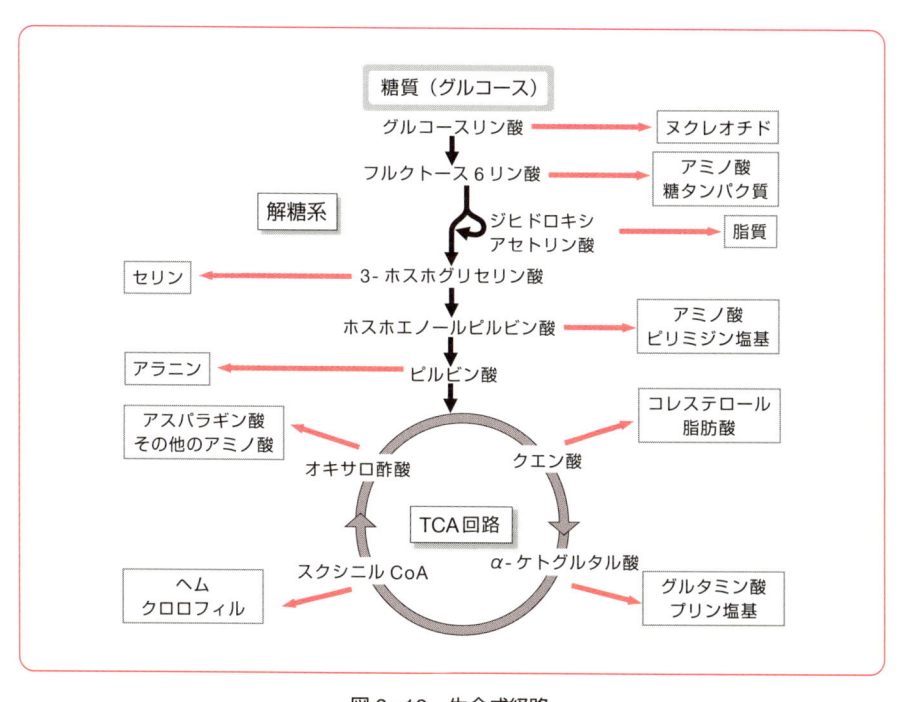

図3・12　生合成経路

リン（Val），メチオニン（Met），スレオニン（Thr），フェニルアラニン（Phe），トリプトファン（Trp），ヒスチジン（His）の9種のアミノ酸を合成できないので，必要量を食物から摂取しなければならない．栄養学で**必須アミノ酸**といわれるものである（注：ヒスチジン（His）は少量合成できるが，必要量に満たないので，不足分を摂取しなければならないことから必須アミノ酸とされている）．

Chapter 4

微生物の研究法

4・1　微生物の生育

微生物の増殖法

　微生物が細胞の容積や重量を増やし，あるいは細胞の数を増やしていくことを**増殖**（growth）という．細胞内で秩序ある生化学反応が進行した結果である．自然環境の下では，必要な栄養源が存在し，都合のよいpHや温度にめぐり合ったとき微生物は増殖する．実験室や発酵工場では，微生物に都合のよい増殖の条件を整えてやることができる．

　細菌や酵母などの単細胞微生物は，1個の細胞が2個に分裂したり，あるいは出芽法によって2個に増える．これを2分裂形式の増殖という．緑藻の一種クロレラは，1回に2個以上の細胞に分裂することがある．糸状の長い細胞を持つカビは，細胞の先端部が伸長したり，細胞の一部から枝分かれして伸長する方式で増殖する．このようなカビの増殖形式は，植物の生長によく似ている．

　微生物細胞は何回か分裂または伸長を繰り返し増え続けていくが，永久に増え続けるわけではなく，栄養源が枯渇したり，有害な代謝物質が蓄積されると増殖は停止する．酵母は最高24回出芽分裂を繰り返すことが観察されている．増殖を終えた細胞は，胞子を形成して次世代の子孫を確保し，あるいはやがて死滅する．

生育曲線

微生物増殖の経過をたどると，**生育曲線**（growth curve）を描くことができる．生育曲線は，培養における微生物の細胞量の増加とその速度の時間変化を示す．通常，時間に対して細胞量を対数値で示す（**図4・1**）．

微生物の増殖経過は，**誘導期**，**対数期**，**定常期**および死滅期の四つの大きな時期（phase）に分かれる．誘導期（lag phase）は，微生物を新しい培地に接種した直後に見られる．細胞はまだ分裂を始めておらず，したがって細胞数は増加しない．しかし細胞内では，新しい培地に適応しつつ活発なタ

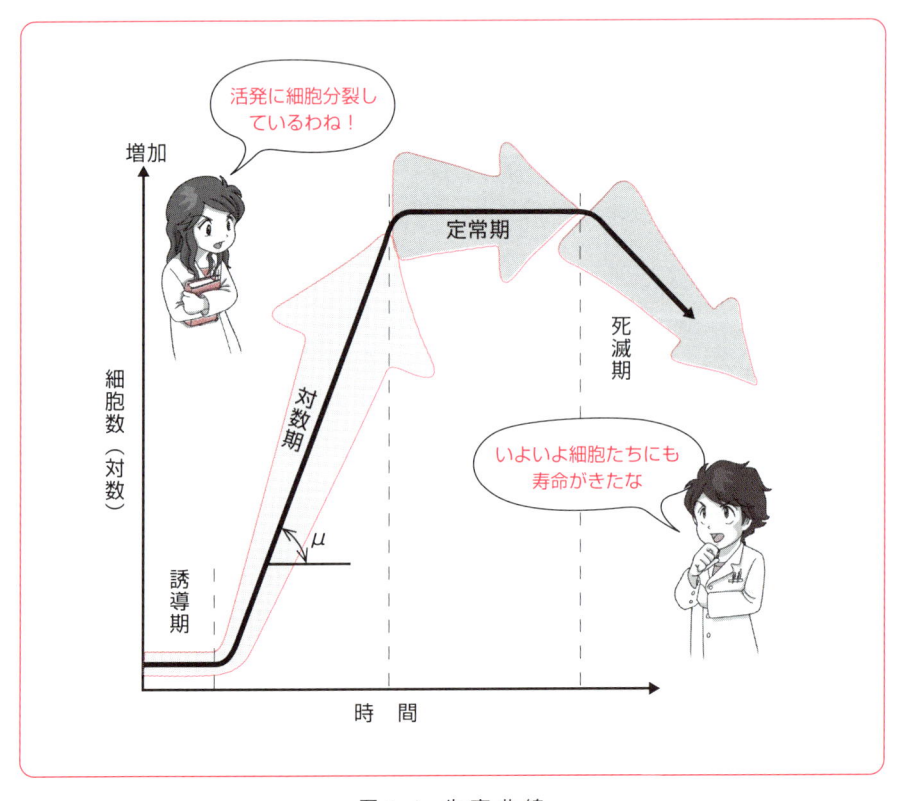

図4・1 生育曲線

ンパク質合成反応が進行し，個々の細胞容積が増大し，次の増殖期に備えている．タンパク質合成に必要な RNA 濃度も高くなっている．発酵生産においては，生産物を生成しないこの時期が短いことが望ましい．対数期（logarithmic phase）は指数期（exponential phase）ともいい，細胞は盛んに分裂を始め，細胞数は指数関数的に増加する（図 4・2）．増殖速度は最大に達し，細胞内の代謝活性も高い．時間の経過とともに栄養源が減少し，また有害な代謝物質が蓄積してくると増殖速度は低下し，ついには増殖が停止する．細胞数は増加もせず減少もしないので，一定値を保つ．この時期を定常期（stationary phase）という．代謝活性はまだ残っており，この時期に盛んに蓄積する発酵生産物もある．胞子形成もこの時期に始まる．細胞

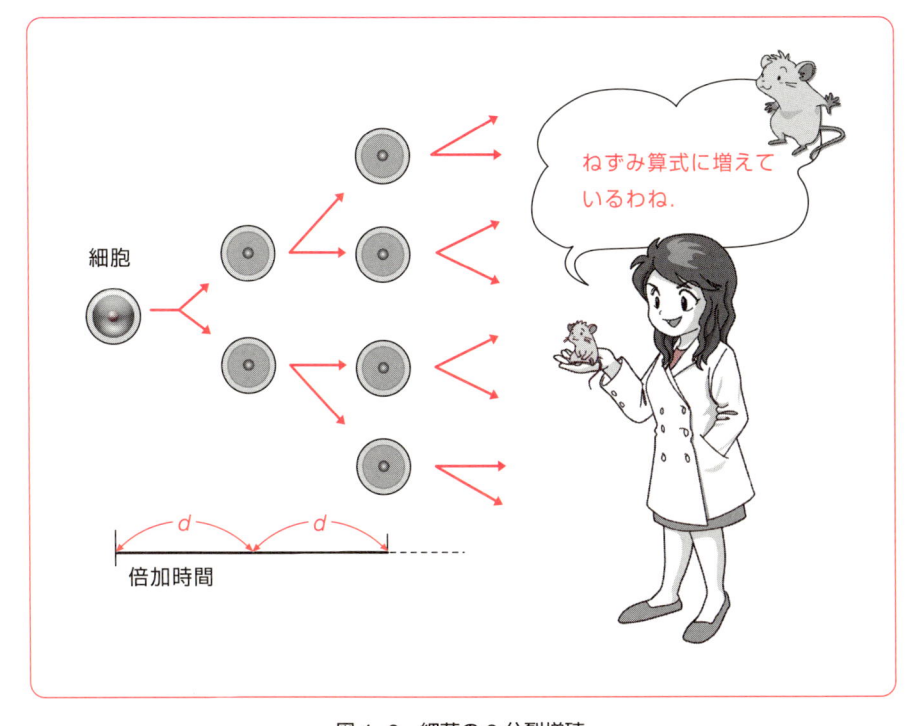

図 4・2　細菌の 2 分裂増殖

はやがて死滅し始め，細胞数はしだいに減少に向かう．この時期を死滅期という．細胞は自身の持つ酵素の作用で溶解し，細胞内物質が漏出する．この現象を**自己消化**（autolysis）という．

培養は常にこのような経過をたどるとは限らない．2種の糖を含む培地では，生育曲線は階段状になる．この現象の発見とその後の研究は，7章に述べる酵素の誘導現象の発見となった．

単細胞微生物の増殖を細胞数で表したときは誘導期が認められるが，カビや放線菌のように菌糸の先端で成長する細胞ではこれがはっきり現れない．これらの微生物は，細胞数ではなく容積または重量として測定することになるので，先端部の成長がなくてもほかの細胞部分が増量しているから増殖曲線は上向きになる．対数期や定常期も明確に現れない．

増殖速度の数式

微生物の増殖は，細胞自身が触媒になって進行する化学的反応とみなすことができるので，自己触媒一次反応によって表せる．すなわち，増殖速度（growth rate）は細胞濃度に比例することになる．

$$（細胞量の増加速度）＝（\mu）\times（細胞量）$$

比例定数 μ は**比増殖速度**と呼ばれ，〔時間〕$^{-1}$ の次元を持つ．生育曲線のこう配は μ を示す（図 4・1）．μ の値が大きいほど増殖速度は速いことになる．培養期間のなかで，対数期において μ は最大値になる．誘導期は $\mu＝0$ であり，死滅期は μ が負の値になる．ふつう，対数期の μ を用いて微生物の増殖速度を比較する．

増殖の速さを表すもう一つの尺度は，細胞量（数）が2倍に増加する時間である（図 4・2 の d）．この時間を**倍加時間**という．増殖速度の速い微生物は，この時期が短いことになる．同一の微生物では，栄養源の種類や培養温度など培養条件によって増殖速度も倍加時間も変わる．最もよい条件で生

育する大腸菌は $d=20$ 分で，微生物の中でも速い増殖速度を持つ．一般に細菌の倍加時間は 60 分以内，カビや酵母は 1～3 時間，藻類はさらに長くなる．

微生物の数と量の測定

生育曲線を描くには，細胞量を定量し，その変化を追跡しなければならない．その方法として，細胞数を個々に計数する方法と細胞をまとめて計測する方法がある．前者は細菌，酵母などの単細胞微生物に，後者はカビ，放線菌はもとよりすべての微生物に適用できる．

単細胞微生物の細胞数を計数するには，顕微鏡下で直接数える．この方法により生細胞と死細胞の合計細胞数がわかる．専用の特殊なスライドグラスを用いて数える．もう一つは，細胞を寒天培地で培養し，出現するコロニーを数える方法である．この方法では生細胞のみ数えることができる．しかし，培養に時間を要するので，すぐに細胞数を知りたいときには使えない．

細胞をまとめて計測する方法は，細胞を遠心分離し，洗浄してから細胞集団の容積を求めたり，乾燥して乾燥菌体重を求める．もう一つの方法は光学的手段を用いるもので，分光光電光度計を用いて一定波長の光を照射し，細胞懸濁液の光学密度を求めたり，濁度計を用いて濁度を求める．単細胞微生物の細胞量を簡便正確迅速に測定する方法として広く用いられる．ただし，細胞以外の懸濁粒子が混在するときは適用できない．

特殊な方法では，細胞の一成分に着目し，それを分析して細胞量を代表する方法もある．細胞の窒素量，核酸量などを分析対象にする．微生物が発生する炭酸ガス量を定量して細胞量を表す方法もある．

4・2 　微生物の培養法

微生物の取扱い法

(1) 滅菌操作

　試料中から微生物を分離するためには，元々試料中に含まれているもの以外の微生物が入ってこないようにしなくてはならない．そのためには，使用する器具，培地などを無菌状態にするとともに，空気中に浮遊する微生物からの汚染を防ぐことが重要である．通常の微生物は煮沸により死滅するが，細菌の内生胞子などは耐熱性のために死なない場合がある．このためには，培地のような液状のものは蒸気による高圧滅菌機（オートクレーブ）を用いて 120℃，15～20 分の熱処理，またガラスや金属などの器具は 150～160℃ の 60～90 分の乾熱処理などの滅菌処理を行う．また，高温で変性するようなビタミンや抗生物質などは，水溶液としてニトロセルロース膜（口径 0.1～0.45 μm）などの滅菌フィルターによる除菌を行ったり，プラスチック器具などは γ 線処理やエチレンオキシド・ガス処理などにより滅菌する．微生物を分離したり，他の培養基に移し替える場合は，内部を紫外線照射により殺菌し，除菌空気の循環するクリーンベンチ内で取り扱うのが好ましい．直接微生物に触れる器具は，高圧蒸気滅菌処理あるいは使用直前に火焔中を通して殺菌した金属ループ（白金線あるいはニクロム線）などを用いる．最近は，滅菌したプラスチック製のループがよく用いられている．

(2) 微生物の分離

　微生物を分離するための試料として土壌がよく利用される．これらの試料中から微生物を分離するには，まず試料を滅菌水，滅菌生理食塩水（0.9％の食塩水を含む）中に懸濁する．さらに，この懸濁液を適当に滅菌水で希釈したのち，一部をプラスチックシャーレなどの用意した固体の培養基上に塗

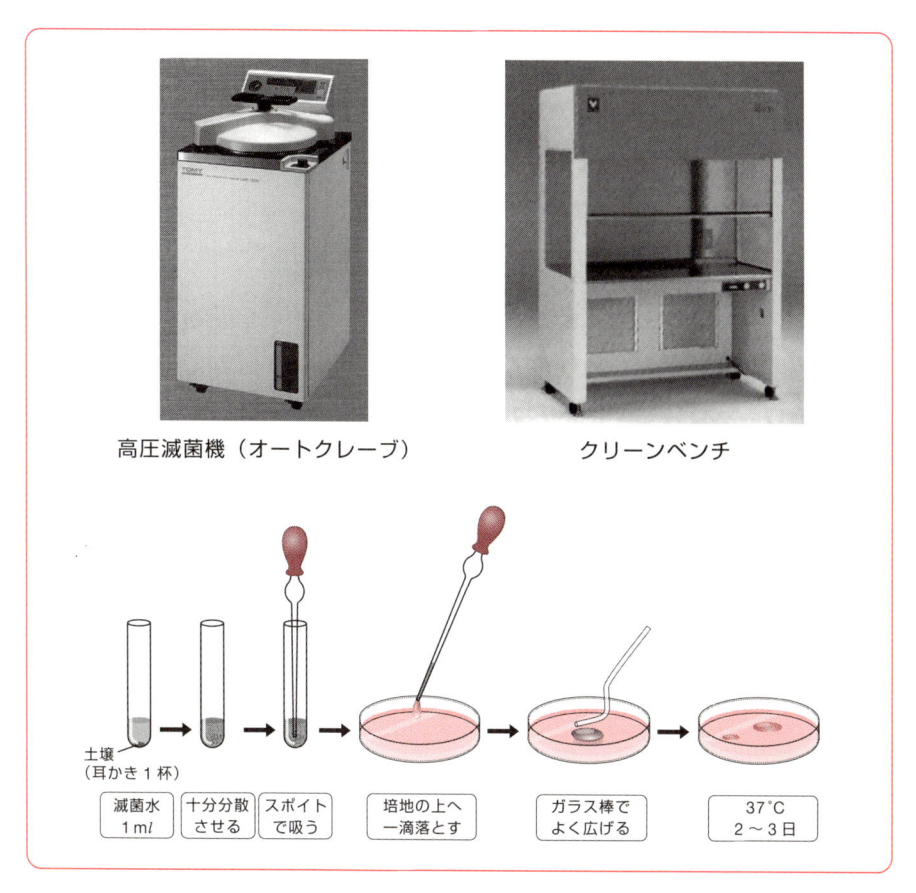

図4・3 微生物の分離方法

布した後, 適当な温度で培養すると1〜数日で微生物の集落が形成される(図4・3). これらの集落の中から目的のものを選択する. 集落は1個の細胞に由来することが多いが, そのコロニー(集落)を用いて, 同じ操作を繰り返して純粋分離を行う.

(3) 微生物の保存

自然界から期待される性質を持った目的の微生物を取得しても, その性質を長期間安定に保持したまま生存させることは必ずしも容易ではない. 適切な保存方法が得られないと死滅したり, 生きていても優良な性質が失われた

図4・4 液体窒素保存タンク（写真提供：海洋研究開発機構）

りすることは決して珍しいことではない．これらの菌株を安定に長期間保存する方法が考案されている．簡易法としては，一定期間ごとに固体培地に植え継ぎをする**継代培養法**，この変法として流動パラフィンを重層する**流動パラフィン重層法**がある．また，比較的よく用いられる方法として**凍結保存法**がある．微生物を含む培養液に最終濃度10～20％のグリセロールまたはジメチルスルホキシドを添加して，－80℃の超低温槽あるいは液体窒素（－196℃）中で保存する（図4・4）．この方法は，細菌，カビ，酵母をはじめ，動・植物細胞にも安定に保存されるものが多い．さらに，長期間の保存法として微生物の培養液に適当濃度のスキムミルクなどの保護剤を加えて，凍結乾燥することによりアンプル中に保存する方法（**凍結乾燥法**）がよく利用されている．どの保存方法が適するかは微生物の種類や特性によって大きく異なるので，あらかじめいくつかの保存方法を適用して，一定期間ごとの生存数，機能保持率から，その微生物の最適な保存方法を見出すことが必要である．

🔴 培地の調製 🔴

微生物を生育させるためには，生育に必要な栄養素を含んでいなければならない．栄養素には炭素源，窒素源，ビタミン類，無機塩類などがある．微

生物の種類やその性質に応じて用いる培地の性質は異なる．培地には大きく分けて**液体培地**と**固体培地**，**合成培地**と**天然培地**がある．特定の微生物を大量に生育させる場合には液体培地を用いるが，多種類の微生物を混合している自然界の試料から特定の微生物だけを分離しようとする場合は，生育した微生物がお互いに入り混じらない固体培地が用いられる．このとき，培地を固体化する必要があり，固体化剤として寒天を用いる．寒天は溶解に100℃近い温度が必要だが，45℃くらいまで凝固しないという培地調製上都合のよい性質を持っており，また寒天を分解する微生物がめったにいないという利点がある．現在の固体培地には，寒天がほとんど用いられている．

　無機塩類・糖などの純粋な化合物だけを用いた培地を合成培地といい，これに対し，肉汁や麦芽抽出などの天然成分を含む培地が天然培地である．天然培地成分として，ペプトン，カゼイン加水分解物，酵母エキス，麦芽エキスなどが多く用いられている．このほかにも肉エキス，可溶性でんぷん，発酵工業用の培地成分としてはCSL（corn steep liquor），廃糖みつなどが利用されている．固体培地を作製するときは，寒天を1.5〜2.0％を加えてオートクレーブ滅菌を行う．

　天然培地を用いる場合は，メーカーによりまた製造ロットにより微生物の生育状態が異なることがあるので注意が必要である．合成培地を用いるときは，個々の微生物が要求するアミノ酸やビタミン類などをすべて添加する必要がある．

　さらに，特定の物質を資化する微生物を分離する場合は，その物質を唯一の炭素源（または窒素源）となるような培地を調製して，生育する微生物を選択する．分離する目的の微生物によって，培地を工夫することが大切である．

　培地は加熱滅菌して使用するが，成分によっては高温で変性するので注意が必要である．また，寒天は酸性培地やアルカリ性培地といっしょに加熱すると，分解したり褐色変性するので別々に滅菌して60℃くらいまで冷却して混合する．また，抗生物質やビタミン類は熱に弱いので，ろ過滅菌したも

のを冷えた培地に添加して培地を調製する.

🔴 液体培養と固体培養 🔴

微生物の増殖に必要な栄養源を水に溶かしたものを液体培地といい,適当な水分を含ませた固体栄養源を固体培地という.微生物を液体培地に増殖させる方法を**液体培養**といい,固体培地に増殖させる方法を**固体培養**という.今から約100年前,パスツールはスープに細菌が増殖して腐敗する現象を観察したが(p.3参照),これは液体培養である.われわれがよく見かける餅の表面にカビが生えるのは,固体培養の例である.

液体培養法では,培地をかき混ぜることにより微生物細胞が均一に分散し,栄養源や酸素も均等に分散するので,微生物の増殖によい環境を提供する.培養温度の制御も容易である.大量培養に向いており,現在の発酵工業の主流をなす培養法である.

一方,固体培養では,培地の撹拌が難しく,したがって栄養源,酸素,温度などが均一に保てず,培養の管理が困難である.自動化・大型化も難しい.しかし,醸造食品工業では,今でも水分約40%の蒸米にカビを増殖させた固体コウジを用いている.そのほか蒸煮大豆に細菌を増殖させて納豆をつくったり,カツオ節の表面にカビを増殖させたり,日本伝来の食品は固体培養の技術を巧みに応用している.欧米では,チーズの表面にカビを増殖させて,独特の風味を形成するのに応用している.固体培養では農産物およびその廃棄物をそのまま培地に利用でき,生産物の回収が簡単で,廃水量も少ない.一部の発酵工業が,依然として固体培養を採用している理由もこの点にある.

微生物研究の分野では,液体培地に寒天を加えて固めた固体培地が,微生物の保存・分離・細胞数の計測などに欠かせないものとなっている.

🔴 通気撹拌培養(ジャーファーメンター)🔴

液体培地を撹拌せずに静置した状態で培養する方法が静置培養法であり,

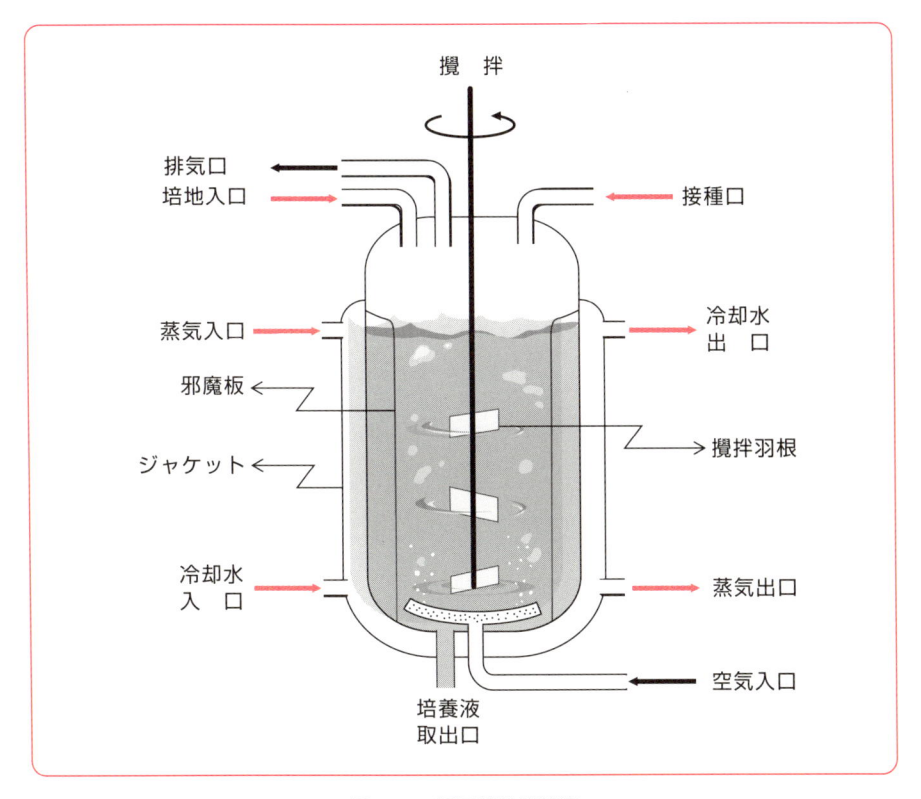

図4・4 通気撹拌培養槽

　液体培地に機械的撹拌を加え，酸素の供給の効率を高める培養方法が振とう培養である．培地の撹拌には往復振とう機や回転振とう機を用いる．大容量の培養になると振とう撹拌は難しいので，培地中に設置した撹拌機を回転して撹拌する．酸素は空気を強制的に導入して供給する．この目的に用いる培養装置を**通気撹拌培養槽**といい（図4・4），このときの培養形式を表面培養に対して深部培養という．モーター駆動の撹拌羽根が培地を撹拌し，コンプレッサー（空気圧縮機）により槽底部から空気を導入する．温度制御や殺菌のためのジャケットおよびパイプラインなども装置している．培養槽は，雑菌汚染を防止できる性能を持つことが最重要である．そのために，槽内部の洗浄と殺菌の操作が容易で，しかも厳密にできることが必要となる．一般的

に槽および付帯設備はステンレス製で，内部構造も屈曲部など洗浄や殺菌の死角になる部分がないように配慮されている．実験室規模から工業規模まで広く採用されている．現在，アミノ酸，抗生物質，アルコール，酵素などの工業生産は，通気撹拌培養槽を使って深部培養法で行っている．

連続培養法

　培養槽に培地を入れ，加圧蒸気で槽と培地を熱殺菌し，冷却後に種菌を植え，一定温度で通気撹拌しつつ培養する**連続培養**は，回分培養のある時点から新しい培地を連続的に加えていき，同時に槽内の培養液を取り出しながら培養する方法である．流入培地と流出培養液の流速を同一にして槽内の液量を一定に保つ．このとき槽内の基質，菌体，生産物の各濃度も一定値となり，定常状態に達する（図4・6）．連続培養は定常状態で培養を行うことが特徴である．定常状態を維持するには二つの方法がある．一つは流出液の菌体濃度を濁度として検出し，これをフィードバックして培地流入速度を制御する

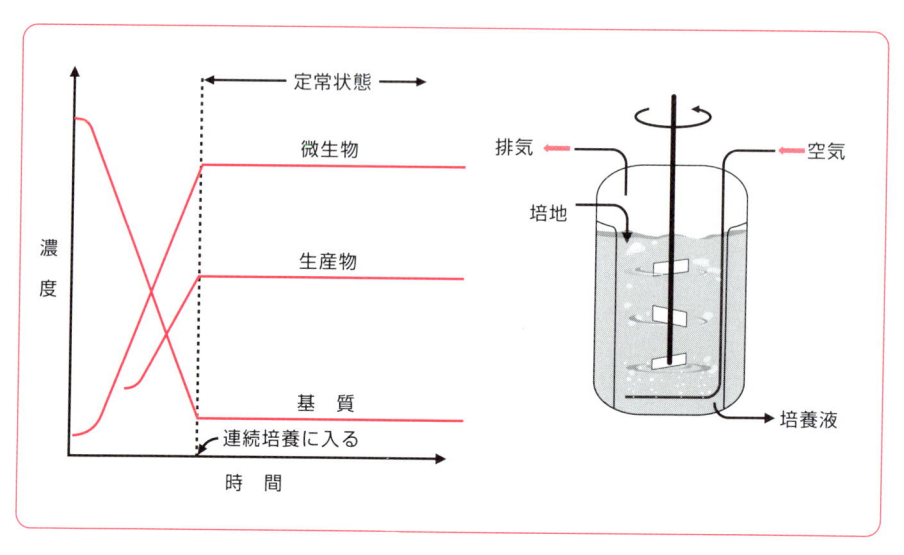

図4・6　連続培養の経過

方法である．この方法を**タービドスタット**（turbidostat）という．もう一つは，増殖を制御している基質濃度を基準にして培地流入速度を制御し，菌体濃度を一定にする．この方法を**ケモスタット**（chemostat）という．培地の流入速度がある限度以上を超えると，槽内の微生物の基質消費速度や増殖速度を上回り，定常状態が維持できなくなる．菌体濃度がしだいに低下し，ついには槽内の菌体がすべて流出してしまう．この状態を洗い出しという．こうなると連続培養は不可能となる．流出液に基質が残存したり，生産物濃度が低いときは，培養槽を付け足して二槽式あるいは多槽式の連続培養にすることがある．

連続培養は回分培養より生産性の高いことが理論的に明らかであるが，雑

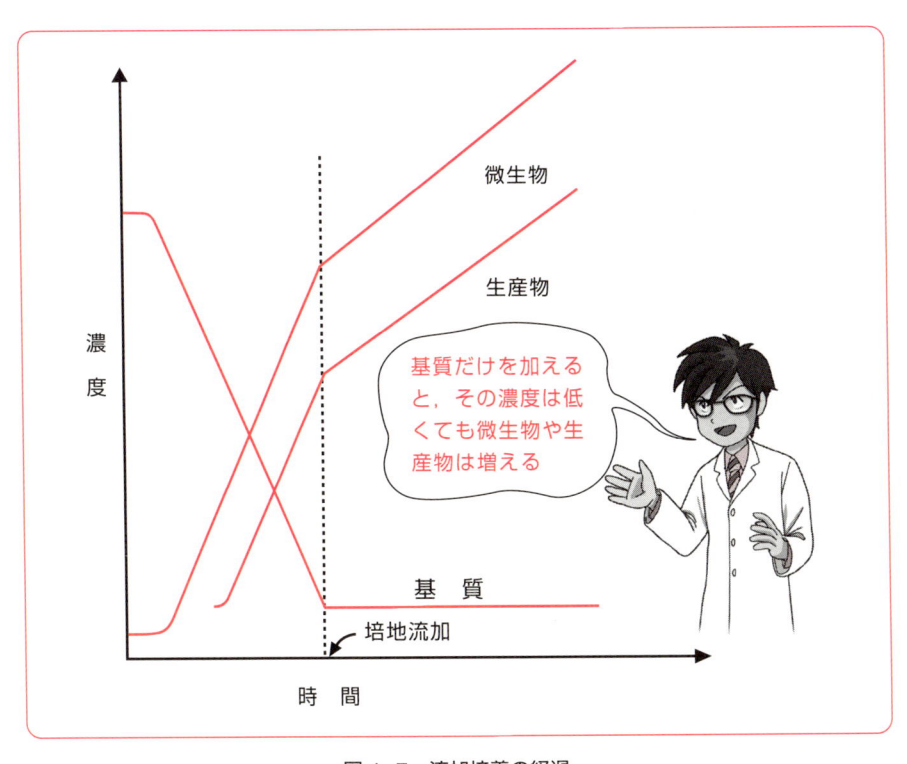

図 4・7　流加培養の経過

菌汚染や微生物変異などのトラブルに対して小回りがきかず被害が大きくなるために，発酵工業において回分培養に代わるまでに至らない．廃液処理は連続培養方式を適用している例である．

　回分培養と連続培養の中間的操作法をとる培養法もある．流加培養法といい，培地を流入するが培養液を抜き取らないで培養を行う（**図 4・7**）．培養液の基質濃度は一定値に保持できるが，菌体および生産物の濃度は時間経過につれて増加する．培養液量も増える．微生物の増殖にわるい影響を与える基質を用いなければならないとき，その濃度を低く制御しながら培養できるという点が利点である．

4・3　微生物の生育条件

栄 養 源

　微生物は増殖に必要なエネルギーと細胞成分の原料を培地中の栄養源から獲得する．したがって，培地は微生物が必要とする栄養源を必要量だけ含有するものでなければならない．微生物が必要とする栄養源は，菌体の化学成分からみて，エネルギー源のほかに炭素源，窒素，無機塩類が主要なものである．これらのほかに，微生物によっては増殖因子と呼ばれる微量成分を必要とする．

(1) エネルギー源

　光合成微生物はエネルギーとして光を利用して増殖する．

　化学合成微生物は無機物を酸化してエネルギーを獲得する．土壌中に生息する硝化細菌はアンモニアを亜硝酸に酸化したり，亜硝酸を硝酸に酸化して，生成する酸化エネルギーを利用する．このほかに，硫黄や硫化水素を酸化する硫黄酸化細菌や第一鉄イオンを第二鉄イオンに酸化する鉄酸化細菌，また

表 4・1　化学合成独立栄養細菌のエネルギー源

細　　菌	エネルギー源	酸化生成物	生成エネルギー〔kcal/mol〕
硝化細菌（*Nitrosomonas*）	NH_3	NO_2^-	65
（*Nitrobacter*）	NO_2^-	NO_3^-	18
硫黄酸化細菌（*Thiobacillus*）	S, H_2S	SO_4^{2-}	50～120
鉄酸化細菌	Fe^{2+}	Fe^{3+}	11
水素細菌	H_2	H_2O	56

水素を酸化して水にする水素細菌などがいる．酸化に必要な酸素は呼吸により取り込み，生成した酸化エネルギーを ATP に変換する．これらの微生物は土壌中に広く分布し，自然界の物質循環に重要な働きをしている（表 4・1）．これ以外のほとんどの微生物は，次に述べる炭素源を同時にエネルギー源とする．

(2) 炭　素　源

利用する炭素源の種類により微生物は二つのグループに分けられる．一つは炭素源として炭酸ガスを利用できる微生物で，**独立栄養菌**（autotroph）という．もう一つは，無機の炭酸ガスを利用できず有機物を必要とする微生物で，**従属栄養菌**（heterotroph）という．上記の化学合成菌や光合成細菌，藻類などは，炭酸ガスを主要炭素源として利用できるので独立栄養菌に属する．ほとんどの微生物は有機化合物をエネルギー源および炭素源とする従属栄養菌である．

培養で広く用いられる有機炭素源はグルコース，シュクロース，デンプンなどの炭水化物である．セルロースを利用できる微生物もいる．乳酸菌はラクトース（乳糖）を好む．これらの炭水化物は培地中濃度が 0.1～5％ 程度になるよう加える．発酵工業ではさらに高い濃度にすることもある．微生物は炭水化物ばかりでなく，炭化水素系化合物も利用できることが近年になってわかってきた．メタノール，エタノールなどのアルコール類，エタン，プロパンなどのアルカン系気体，直鎖パラフィン系化合物が炭素源になるので

ある．アルコール好きの微生物がいるなんておもしろいことである．石油やガソリンにも生育できる微生物がいるのである．

(3) 窒素源

タンパク質，アミノ酸，核酸などの窒素化合物の原料となるのが窒素源である．無機窒素源としては，アンモニウム塩，硝酸塩，亜硝酸塩などが，有機窒素源としては，アミノ酸，尿素，ペプトン，酵母エキスなどがよく利用される．脱脂大豆，綿実油粕，CSL（corn steep liquor），麩（ふすま）など安価な天然物もよい窒素源として利用されている．

マメ科植物と共生する根粒菌（*Rhizobium* 属菌）や非共生性土壌細菌（*Azotobacter* 属菌）は窒素固定能を持ち，窒素源として空気中の窒素を利用できる．乳酸菌のなかには特定のアミノ酸を必要とするものがある．増殖は培地中のアミノ酸量に依存するので，この点を利用して増殖量からアミノ酸を定量する方法がある．バイオアッセイ（bioassay）といわれる方法で，ビタミンB群の定量にも応用されている．

(4) 無機塩類

微生物が必要とする無機塩類の量は，炭素源や窒素源に比べると極めて少ないが不可欠である．必要な無機元素は P，S，Mg，K などである．P はリン脂質，リンタンパク質，ATP などの成分として，S は含硫アミノ酸，補酵素などの成分として，Mg は Ca とともに酵素の活性化や安定化に，それぞれ重要な働きをしている．これらの無機元素を与えるには，KH_2PO_4，K_2HPO_4，$MgSO_4 \cdot 7H_2O$，$CaCl_2 \cdot 2H_2O$ などの試薬を培地に加える．海洋細菌や好塩性菌は Na を必要とし，NaCl を加える．

このほかにも，微量ながら金属元素を必要とする微生物がいる．たとえば，Mn，Fe，Co，Zn などである．これらは天然物や試薬や水のなかに不純物として含有する量で十分なことが多いので，特に培地に加えないこともある．

(5) 増殖因子

特定の成分がないと増殖できない微生物がいる．サイアミン，リボフラビ

表 4・2 微生物培養の培地

合 成 培 地		天 然 培 地	半 合 成 培 地	
シュクロース	100 g	コウジ汁	肉汁エキス	10 g
アスパラギン	2.5 g	麦 芽 汁	ペプトン	10 g
MgSO$_4$·7H$_2$O	3.0 g	など	NaCl	5 g
K$_2$HPO$_4$	1.0 g		水	1 l
水	1 l			
(ハイダック氏液といい，酵母用培地として使う)		(主にカビ，酵母用培地として使う)	(Nutrient ブロスといい，細菌用培地として使う)	

ン，ビオチン，パントテン酸などのビタミン類，プリンやピリミジンなどの塩基，アミノ酸などを必要とする微生物である．これらを増殖因子という．これらは培地に酵母エキス，CSL，ペプトンなどを加えて補給するか，または必要とする成分のみを単独で加える．

　微生物培養の培地は，上述のすべての栄養源を含むものでなければならない．化学的に組成の明らかな物質のみで構成した培地を合成培地といい，天然物のみを用いた培地を天然培地という．両者を組み合わせた培地を半合成培地といい，最も広く用いられる．各例を表 4・2 に示す．

● 温　　　度 ●

　増殖は細胞内の化学反応の集積ともいえる．化学反応は温度の影響を受けるから，増殖も同じく温度の影響を受けることが予測される．事実，微生物の増殖は温度によって大きな影響を受けている．細胞の主成分は水とタンパク質であるから，耐えうる温度にはおのずから限界がある．微生物の種類によっても，増殖の適温は違ってくる（図 4・8）．

　温泉，海底火山，堆肥などの高温環境に生育している微生物がいる．高温菌（または**好熱性菌**）といい，55〜75℃ の高温で増殖する．80℃ 以上から 100℃ でも増殖できる微生物（**超好熱性菌**）も存在する．高温度の下では代謝活性が高くなっており，その結果，増殖速度は速くなり，培加時間は

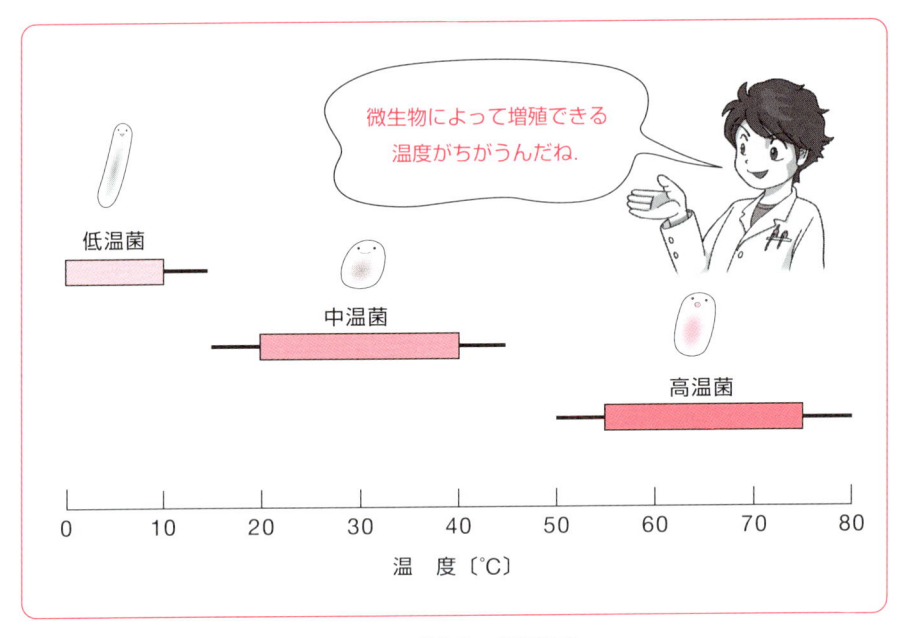

図4・8　微生物の増殖温度

短くなる．酵素類は熱に安定であるため，工業的に利用価値の高いものが多い．

　一般の化学反応では，温度が10℃上昇すると反応速度が2〜3倍速まることはよく知られている．タンパク質の熱変性速度は，10℃の温度上昇により10倍以上速まる．それなのに微生物は，どうして高温度の下で生きていられるのだろうか．耐熱性のしくみについては，いろいろな説がある．タンパク質のアミノ酸配列に遺伝的にすでに耐熱性機構が組み込まれているという説，外部からタンパク質を保護する物質を取り込んで安定化するという説，あるいはタンパク質の高次構造が変化して耐熱性を獲得するという説などである．これらのしくみが重なって，より耐熱性を高めていることも考えられる．まだ，われわれの知らないしくみをもっていることも当然考えられる．

　微生物のなかには，逆に低温を好むものがいる．低温菌（または**好冷性菌**）

といい，増殖温度は 10℃ 以下である．-5〜0℃ でも増殖できるものがいる．低温菌は極地や高山などの低温環境に分布している．冷蔵庫や低温室のなかでも増殖できるので，冷凍・冷蔵食品の微生物汚染の原因になる．低温菌は増殖が遅いため，あまり発酵工業に利用した例はない．ビールや清酒の発酵は 10℃ 前後の低温で行うが，使用するカビや酵母は次に述べる中温菌である．

発酵工業で利用している微生物は，増殖温度が 20〜40℃ の中温菌である．ヒトをはじめ高等動物の腸内細菌は，37℃ で最もよく増殖する．工業用微生物の多くは 30〜37℃ で培養する．

増殖可能な最高温度と最低温度は，高・中・低温菌でそれぞれ重なり合って，これらの分類法で明確に分類できない微生物も多い．

pH

微生物はそれぞれ限られた pH 範囲で最もよく増殖する．一般には細菌は中性ないし微アルカリ性 (pH6.0〜8.0) で良好な増殖を示し，カビや酵母はやや酸性側 (pH4.0〜6.0) で良好な増殖を示す．しかし，例外もある．乳酸菌や酢酸菌，グルコン酸菌などの有機酸生成菌は pH3.5 でも増殖する．pH4 以下の強い酸性側，あるいは pH9 以上の高いアルカリ性側でそれぞれよく増殖する微生物もいる．それぞれを**好酸性微生物**および**好アルカリ性微生物**と呼ぶ．硫黄酸化細菌や鉄酸化細菌は pH1〜2 の範囲で良好な増殖をする．一方，好アルカリ性微生物は，本書の編者・掘越が発見し，応用への道を開いた新しい微生物である．増殖に最適の pH は 10 前後にあり，中性では増殖しない．培地に 1% の炭酸ナトリウムを加えることによりアルカリ性にする．ほかの微生物に比べて研究の歴史は浅いが，興味ある特性が明らかになり，発酵工業への実用化が行われている．好酸性や好アルカリ性の上にさらに高温性が加わった極めて厳しい環境で増殖できる微生物も見つかっている．

酸　素

　高等動植物にとって必須の酸素も微生物にとっては必ずしもそうではない．微生物はその酸素要求性から，酸素を必要とするもの，必要としないもの，およびどちらでもよいものの3群に分けられる．酸素を必要とする微生物を**好気性菌**，まったく必要としないものを**偏性嫌気性菌**，酸素があればそれを利用するが，なくても増殖できるものを**通性嫌気性菌**という．多くのカビは好気性菌であり，クロストリジウム属（Clostridium 属）細菌は偏性嫌気性菌である．酵母や腸内細菌・乳酸菌は通性嫌気性菌に入る．

　好気性菌の培養で液体培地を用いるときは，通常，振とう機を用いるか，または大量に培養するときには通気撹拌槽を用いる．好気性菌は水に溶け込んだ溶存酸素を利用する．水に溶ける酸素量は7 ppm 程度と少ないから，酸素不足にならないように注意しなければならない．好気性菌の培養では，しばしば栄養源より溶存酸素が増殖の律速因子になることがある．

　偏性嫌気性菌の場合は，空気や酸素を排除する必要があるので，炭酸ガスや窒素ガスに置換して培養する．

その他の環境因子

　すべての生物にとって最も重要な物質は水であろう．微生物はどの程度の乾燥に耐えうるのだろうか．微生物の増殖に必要な最低の水分活性（a_w）は，細菌で 0.90，酵母で 0.88〜0.60，カビで 0.80〜0.60 の範囲にある．増殖に必要な最低の a_w は，最も乾燥に強いカビの場合で 0.6 前後である．乾燥に弱いのは細菌である．保存用の乾燥食品にカビが繁殖しているのは，しばしば見かけることである．

> **水分活性（a_w）**：溶液の蒸気圧（p_s）と純水の蒸気圧（p_w）との比（p_s/p_w）をいう．溶液に溶質が溶けてない水のみのとき $a_w = 1$ となる．一般的に a_w が高いとき水分含量が高いといえる．

溶質濃度が高くなると浸透圧も上昇する．増殖に大きい影響を与える溶質は，食塩（NaCl）と糖である．塩濃度 3.0% の海水中に生きる微生物は，増殖にナトリウムイオンを必要とする．塩濃度が 10% 以上，飽和濃度に近い 30% でも増殖できる微生物がいる．好塩菌といい，食塩がないと増殖できないばかりでなく，浸透圧の低下により細胞の形状も保てなくなる．

高い糖濃度と浸透圧の環境で増殖しうる微生物は酵母である．このような酵母は，50〜60% のグルコースやシュクロースの中でも増殖でき，ジャム，濃縮ジュース，砂糖シロップなどの食品劣化の原因となっている．高温，高糖，高浸透圧の環境下に生存できる微生物は，カビ，酵母，細菌と広く分布している．しかし，このような環境は自然界に少ない．高塩濃度の自然環境は死海（表面水の NaCl 濃度 20%），アメリカのソルトレーク（NaCl 濃度 20%），アフリカ東部の塩水湖などに見られる．

圧力に関しては，微生物は数百気圧の水圧下で増殖できる．水深数千メートルの深海には，微生物より高等な生物も生息している．深海は圧力が高いだけでなく温度も低いから，そこから見いだされる微生物は好圧性の低温菌になる．倍加時間はかなり遅く，また大気圧下では増殖できない菌種もいる（**好圧性菌**）．

微生物は，光エネルギーを利用する光合成細菌や藻類を除いて，増殖に光を必要としない．むしろ短波長の光線は殺菌力を持つので，微生物にとっては有害となる．殺菌力の強い光線は波長 260 nm の紫外線であり，殺菌灯として利用される．15 W の紫外線殺菌灯から 50 cm の距離にある大腸菌は 1 分以内に死滅する．酵母やカビの殺菌には，その 10 倍程度の照射時間を要する．微生物細胞の DNA は 260 nm 付近に吸収極大があり，紫外線はその DNA に作用して死滅に至らせる．紫外線の DNA に対する作用を調節して，微生物に人工的に突然変異を起こすことができる．物質生産能力を高めた人工変異の微生物は，発酵工業に大いに役立ってきたし，また微生物遺伝学に重要な研究材料を提供してきた．

培養が難しい微生物

　自然界には多種多様微生物がさまざまな環境条件下に生息している．土壌 1 グラム当たりには，10^7〜10^8 個の微生物が存在している．しかしながら，これまでの培養方法では培養できる微生物は高々数 % といわれ，いまだに多くの微生物を培養することができない．一般に生育しているが，通常の培養法では培養できない微生物を**難培養性微生物**といわれる．

　この原因にはさまざまなことが考えられるが，微生物の生育には，その微生物に適した培養条件が必要である（図 4・9）．微生物によって，栄養源の種類（無機塩，栄養素，微量元素，ビタミンなど）により生育してくる微生物が変わってくる．さらに，適した温度や pH の組合せによっても微生物の種類は変わってくる．また，酸素を好む微生物もいるし，酸素の存在下では生育しない微生物がいるなど，微生物の生育可能な条件はさまざまであり，これ以外の条件を考えると培養条件が適していないために培養できない微生物がまだまだ多くいることは容易に推察される

　大腸菌は約 20 分で 1 回分裂して 1 匹から 2 匹になり，8 時間後には 1000 万個を超える菌数になって，コロニーとして寒天平板培養基上で確認が可能となる．生きている微生物は，大腸菌のように短時間に増えてくるとの先入観がある．しかしながら，多くの微生物は適した培養条件が揃わないと生育速度が遅い場合がある．また，微生物によっては 1 年あるいは 10 年以上で 1 回分裂するようなゆっくりとした生育速度で生きている微生物もいる．このように増殖に時間がかかる微生物は，培養できていることがわからないため難培養と見られる場合がある．

　最近では難培養性微生物に対して，培養法によらない PCR や DNA マイクロアレイなどの新技術を用いた研究手法が検討されている（図 4・10）．

4・3 微生物の生育条件

栄養的要因
- 栄養素（炭素源，窒素源）
- 無機塩（リン，マグネシウム，イオウ，亜鉛など）
- 微量元素（Ca^{2+}, Na^+, Mn^{2+}, Zn^{2+}など）
- ビタミン
- ？

化学的要因
- pH（酸性，中性，アルカリ性）
- 酸素（好気，嫌気，微好気）
- ？

物理的要因
- 圧力（高圧など）
- 光
- 温度（低温，高温）

？

微生物の生育条件

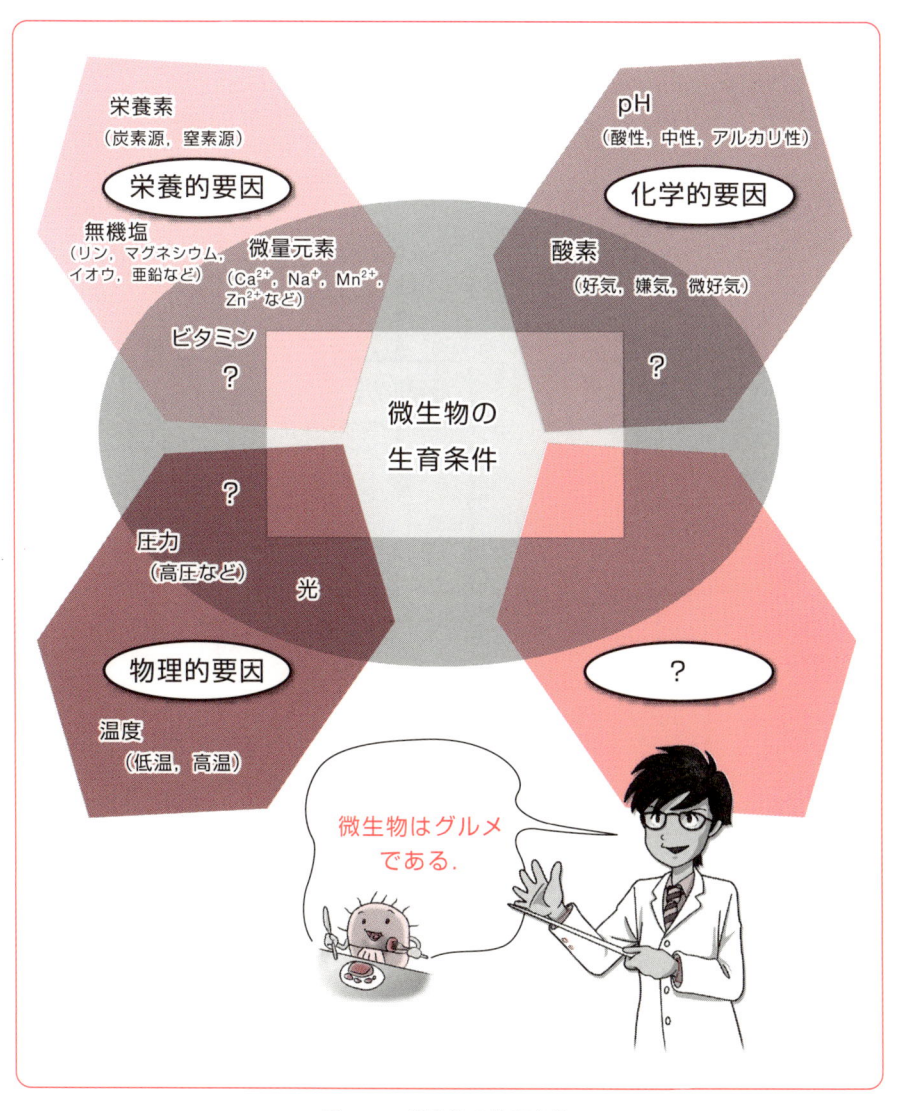

微生物はグルメである．

図4・9　微生物の生育条件

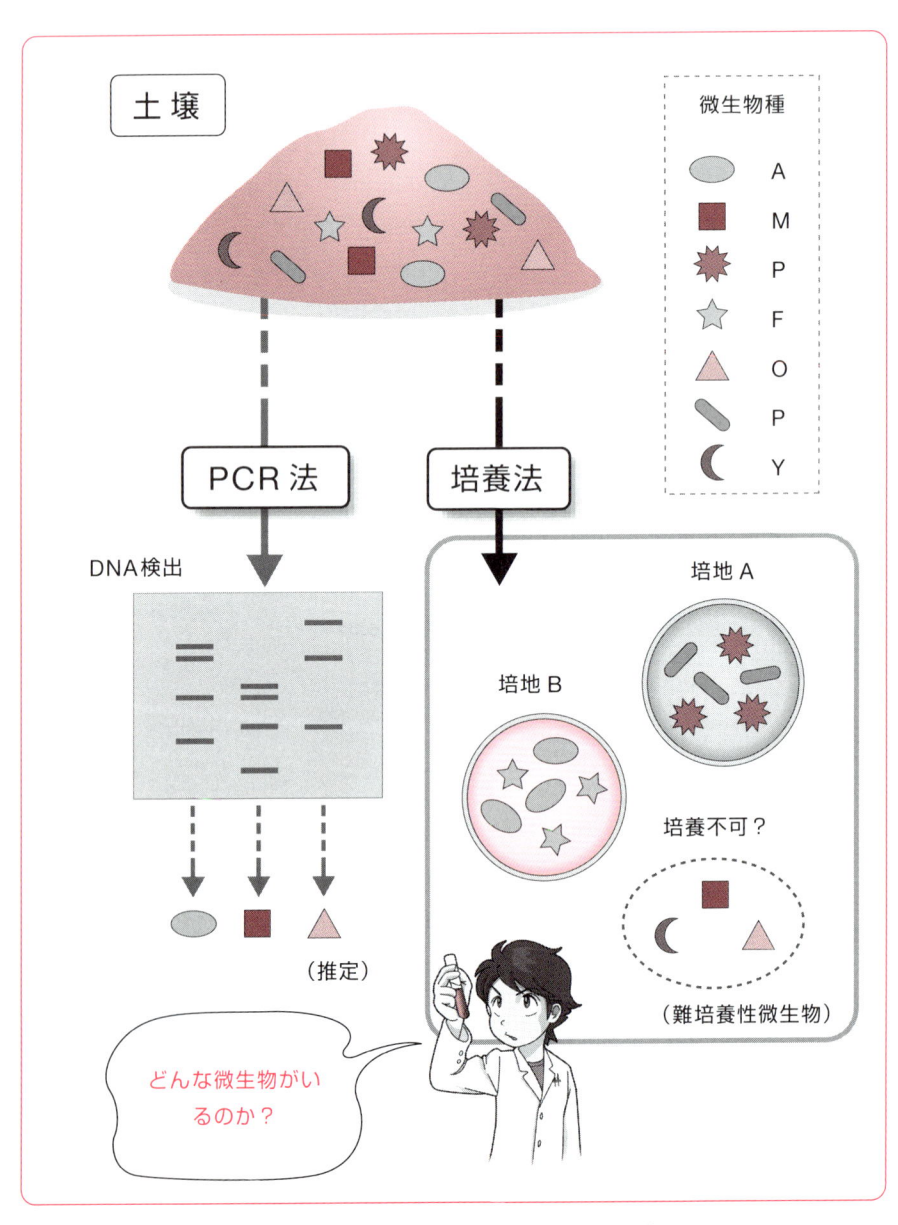

図4・10　難培養性微生物の存在（イメージ）

4・4　病原性微生物

常在菌

　ヒトの体内の組織は無菌でなければならないが，健康な人でも外界と接する皮膚や口の中および腸内には多数の微生物が共生している．このような微生物は**常在菌**と呼ばれ，通常はヒトを病気にするようなことはない．

　ヒトの皮膚や鼻毛には**表皮ブドウ球菌**（Staphylococcus epidermitidis）や**黄色ブドウ球菌**（Staphylococcus aureus）が付着していることが多い．ほとんどの人の口の中に連鎖球菌である**ミュータンス菌**（Streptococcus mutans）が常在している．ミュータンス菌は粘着性のある歯垢を形成して歯の表面で繁殖する．ミュータンス菌は糖分から乳酸を生成して，歯のエナメル質を溶かして虫歯をつくるので，歯磨きをして歯垢を取り除くことが虫歯の予防につながる．

　胃の中には微生物は常在しないが，小腸や大腸には 100 兆に及ぶ**腸内細菌**が住みついている．特に，大腸には嫌気性の細菌が大量に存在し，糞便の 1/3〜1/2 が細菌の菌体である．グラム陰性のバクテロイデス属菌（Bacteroides）が最も多く，**大腸菌**（Escherichia coli）やビフィズス菌（Bifidobacterium）などが生息している．

食中毒の原因菌

　毎年発生する食中毒のほとんどは微生物が原因である．**腸炎ビブリオ菌**（Vibrio parahaemolyticus）は不適切に調理された海産性の魚介類から感染し，激しい下痢と腹痛を引き起こすが，通常は自然に軽快する．腸炎ビブリオ菌は低温でも増殖するため，冷蔵庫に保管した食品がいつの間にか汚染されていることがあり注意が必要である．カンピロバクター（Campylo-

bacter）属細菌は，哺乳類や鳥類など多くの動物が保有しており，十分に加熱していないミルクや鶏肉などから感染する．発熱，腹痛，下痢を伴う急性の腸炎を引き起こす．

　食中毒の原因菌には，毒素を生産するものも多い．1996年に6000人を超える集団感染が発生した**腸管出血性大腸菌 O-157**は，大腸の絨毛細胞を破壊するベロ毒素を生産するため，腹痛と発熱を伴う激しい血性の下痢を生じるので抵抗力のない乳幼児には特に危険である．絶対嫌気性菌である**ボツリヌス菌**（*Clostridium botulinum*）は，滅菌が不十分なビン詰めなどに増殖し，地球上で最強といわれるボツリヌス毒素を生産する．ボツリヌス毒素は神経の伝達機構を阻害し，全身が麻痺し呼吸が停止して死亡する．

細菌の感染症

　細菌による感染症は多数知られており，衛生面の未発達な発展途上国では主要な死因となっている．ヒトからヒトへと伝染する病原菌も多く，患者との接触に注意が必要である．

　黄色ブドウ球菌（*Staphylococcus aureus*）は皮膚の常在菌だが，傷口などから体内に侵入すると化膿性の炎症を引き起こすことがある．老人や手術後や火傷などにより抵抗力が弱くなっている人に感染すると，肺炎や髄膜炎などを引き起こし重症になる．

　肺炎の原因として最も多い**肺炎球菌**（*Streptococcus pneumoniae*）はグラム陽性の双球菌であり，咳と悪寒を伴い高熱を発して衰弱する．老人や免疫力の弱った人の一番の死亡原因である．

　グラム陽性の好気性桿菌である**結核菌**（*Mycobacterium tuberculosis*）が引き起こす結核は，1950年頃までは日本人の死亡原因の1位を占めていた伝染性の肺病である．しつこい咳と微熱を特徴とし，徐々に肺の細胞が破壊されて喀血を見るようになる．

　細菌の感染症には抗生物質が有効であり，早期に適切な治療を行うことが

真菌の感染症

いわゆる水虫は，**白癬菌**（*Trichophyton ruburum*）と呼ばれるカビの一種により引き起こされる．足の指の間にかゆみを伴う湿疹ができて，皮膚がポロポロとはがれ落ちてゆく．

カンジダ症は**カンジダ菌**（*Candida albicans*）と呼ばれる酵母の一種により引き起こされ，口の中などにかゆみと熱を伴う白斑が形成される．

真菌の感染症には通常の抗生物質は効かないので，専用の抗真菌剤を用いた治療が行われる．

原虫の感染症

原虫による感染症の中で最も深刻なのが**マラリア**であり，全世界に約5億人の患者がいて毎年200万人以上が死亡している．マラリア原虫（*Plasmodium falciparum*）は蚊によって運ばれ，赤血球内で繁殖する．原虫が赤血球を食い破って血液中に出てくるときに，高熱を伴う発作が起こる．

ウイルス性疾患

電子顕微鏡を使わなければ見えないウイルス（$0.02 \sim 0.3 \mu m$）を原因とする感染症も数多い．哺乳動物に病気を引き起こすウイルスにはエンベロプを持つ1本鎖RNAウイルスが多い．一般にRNAウイルスは突然変異を起こしやすく，しばしば新しい型のウイルスが出現して流行する．

誰でも1年に2～3回はかかる風邪（普通感冒）は，大部分がライノウイルスによるものであり，くしゃみ・鼻水・鼻づまりおよび微熱と倦怠感が主症状である．これに対して，毎年流行するインフルエンザは**インフルエンザウイルス**が原因であり，はるかに症状が重い．高熱・頭痛・筋肉痛を特徴とし，腹痛や下痢を伴うことがある．咳やくしゃみなどから飛沫感染するの

で，予防にはマスクが効果的である．

はしか（麻疹）は，**麻疹ウイルス**によって引き起こされ，発熱・倦怠感に加えて全身に赤い発疹が生じる．非常に伝染性が強いため，学校保健法により熱が下がっても3日間は出席停止の措置がとられる．

エイズ（後天性免疫不全症候群：AIDS）はレトロウイルスである**エイズウイルス**の感染によって引き起こされる．レトロウイルスはRNAウイルスであるが，ゲノムのRNAをDNAに逆転写した上で宿主のゲノムに組み込まれて存続し，ときどきRNAを転写してウイルス粒子を細胞外に放出する．エイズウイルスは免疫機構の司令塔であるヘルパーT細胞を真っ先に攻撃するので，患者は免疫機構を徐々に破壊されて病原菌に対する防御機構を失ってゆき，やがてさまざまな病原菌による感染症により死亡する．

ウイルスは宿主の細胞の中で組み立てられるため，抗生物質は無効である．ワクチンの接種によりある程度予防することは可能であるが，感染してしまった場合は，自己の免疫力により退治しなければならない．

Chapter 5

遺伝子工学

5・1　セントラルドグマ

DNA の構造

　体の形や細胞の機能など，生命を支配するすべての情報は核酸という細長い分子上の 4 種類の塩基の並び（塩基配列）という形で保存され，子孫に伝えられていく．しかし，細胞内で実際に化学反応を行い，生命の営みを行う主役はタンパク質である．核酸には DNA と RNA の 2 種類がある．保存用のマスターテープである DNA から必要な情報を含む部分を RNA にコピーし，RNA の配列情報指定に従ってアミノ酸を並べてタンパク質を合成

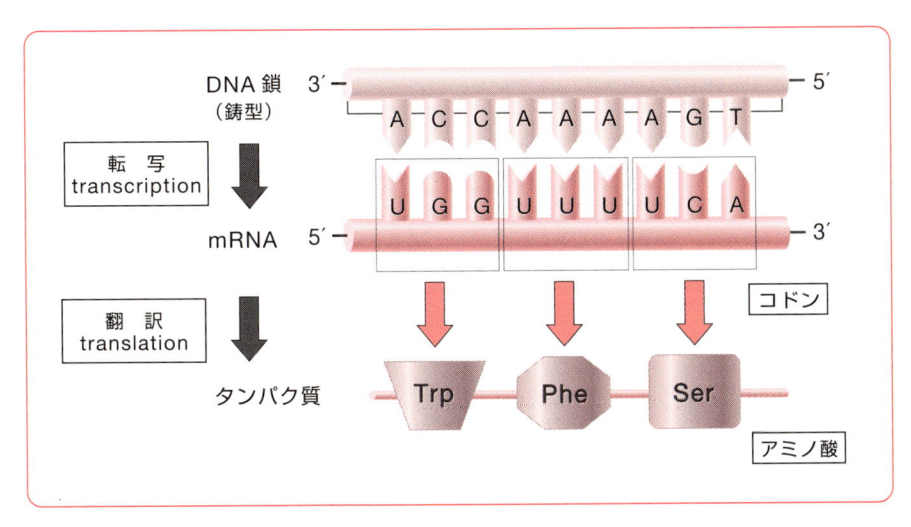

図 5・1　セントラルドグマ

Chapter 5 遺伝子工学

する．こうした情報の流れを**セントラルドグマ**といい（図5・1），生命の謎を解き明かす20世紀最大の発見といわれている．DNAの複製，RNAへの転写，タンパク質への翻訳というセントラルドグマの過程について順を追って説明する．

DNAとRNAは，どちらも4種類の塩基と五炭糖とリン酸の三つの成分から構成される**ヌクレオチド**という基本単位が多数連結した細長い分子である．

DNAの塩基はアデニン（A），シトシン（C），グアニン（G），チミン（T）の4種類であり，RNAではこのうちのチミンの代わりにウラシル（U）が使われている．DNAの五炭糖（炭素原子を五つ含む糖）は**デオキシリボース**であり，RNAは**リボース**である．デオキシリボースの五つの炭素原子のうち，1′位の炭素は塩基と連結している．2′位の炭素には，デオキシリボースでは水素原子（－H）が結合し，リボースでは水酸基（－OH）が結合し

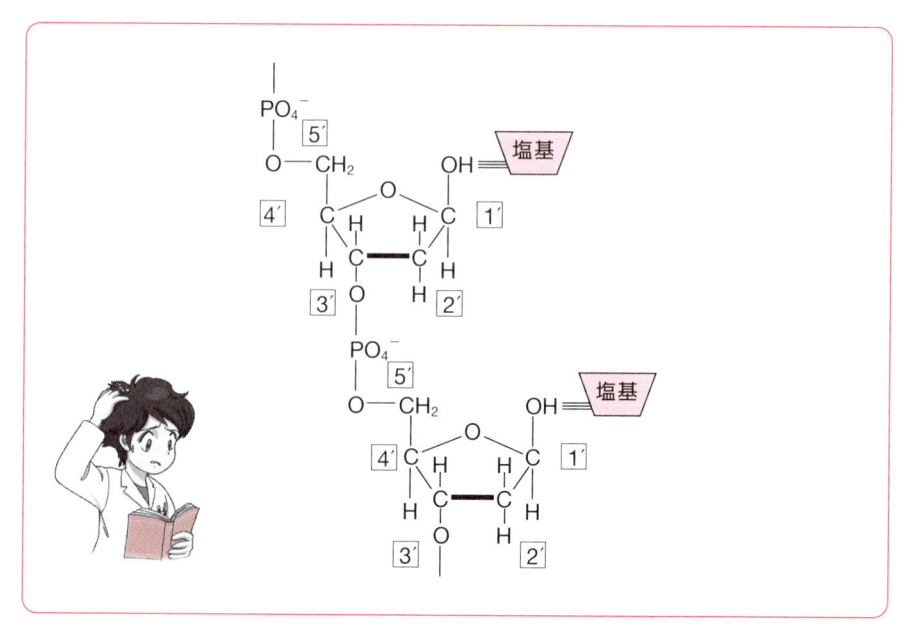

図5・2 DNAの構造

ている．3′ 位と 5′ 位の炭素はそれぞれリン酸と結合することにより，五炭糖とリン酸が交互に連なる長い鎖を形成している（図 5・2）．DNA は 2 本の鎖が絡み合う 2 匹の蛇のように二重らせん構造を形成し，塩基が内側で向かい合っている．二重らせん構造は DNA の最も自然な形であり，2 本鎖 DNA という．

有機化合物の分子の中では，水素原子（H）は少しプラスに帯電し，酸素原子（O）と窒素原子（N）は少しマイナスに帯電している．そこで，水素原子と酸素・窒素原子が向かい合うと，水素結合と呼ばれるゆるやかな結合を形成する．水素結合は弱い結合だが，数が多くなると分子の形を決定する力を持っている．しかし，温度を高くして分子の振動を激しくすると，水素結合は簡単に切れてしまう．四つの塩基のうち，A-T 間と C-G 間にだけ水素結合が形成される（図 5・3）．そのため，一方の鎖の塩基が決まると，も

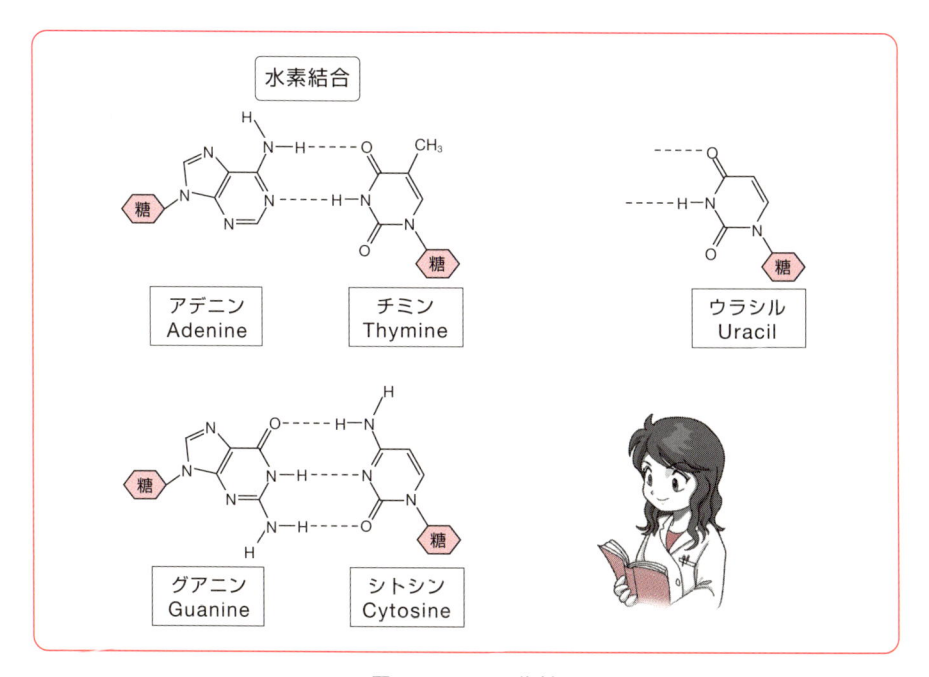

図 5・3　四つの塩基

う一方の鎖の向かい合う塩基が自動的に決まる．このとき，もう一方の鎖を相補鎖という．

DNA鎖は五炭糖の向きによって，5′-末端と3′-末端の向きがある．塩基配列は5′-末端から順に書き表すことになっている．

DNAの複製

あるDNA鎖と同じ塩基配列を持つDNA鎖を合成することを**DNAの複製**（replication）という．DNAの複製は，鋳型DNAと呼ばれる1本鎖のDNAに対して，相補鎖を合成することによって進行する．生命の情報はすべてDNAに載っているので，細胞が分裂するときには必ずDNAを正確に複製して娘細胞に伝えなければならない．

DNAの複製は，まず2本鎖DNAがほどけて1本鎖DNAとなることから始まる．それぞれのDNA鎖が鋳型DNAとなり，はじめにプライマーと

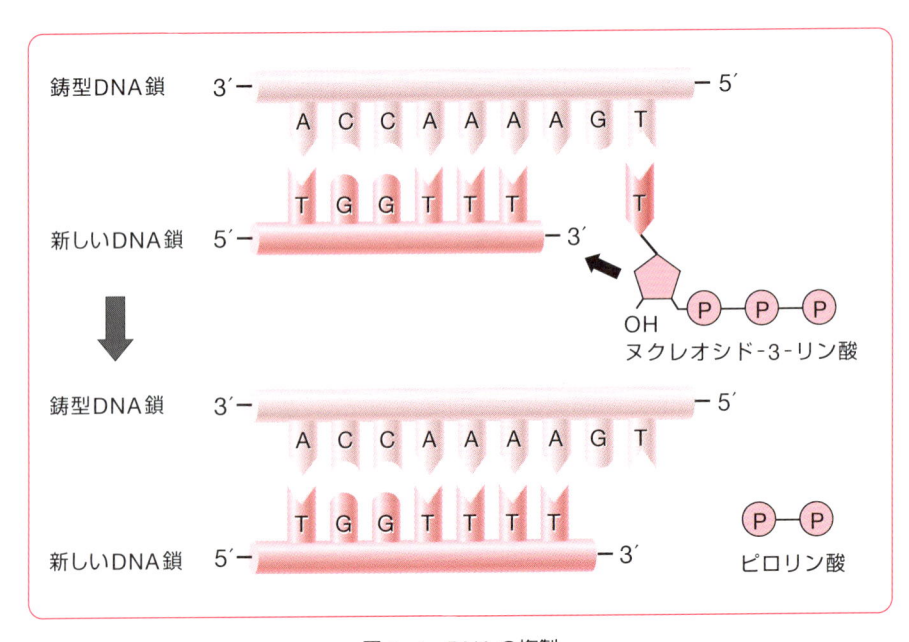

図5・4　DNAの複製

呼ばれる短い RNA 鎖が結合する．その後に，**DNA ポリメラーゼ**と呼ばれる酵素が鋳型 DNA 鎖の塩基について水素結合を形成するヌクレオチドを1個ずつ連結し，新しい DNA 鎖を 5′ 末端から 3′ 末端に向かって伸長していく（図 5・4）．DNA 鎖の末端は，**DNA リガーゼ**によって連結され，2本鎖 DNA が二組できあがる．

DNA ポリメラーゼはまちがったヌクレオチドを訂正する能力を持っているので，DNA の複製は非常に正確に進行し，娘細胞に遺伝情報を伝達する．

転　　写

DNA は保存専用であり，実際にタンパク質の合成などに情報を活用するときには必要な部分を RNA に**転写**（transcription）して利用する．**RNA ポリメラーゼ**と呼ばれる酵素は，DNA の塩基配列から**プロモーター**と呼ばれる配列を目印として，転写する場所を決定している．

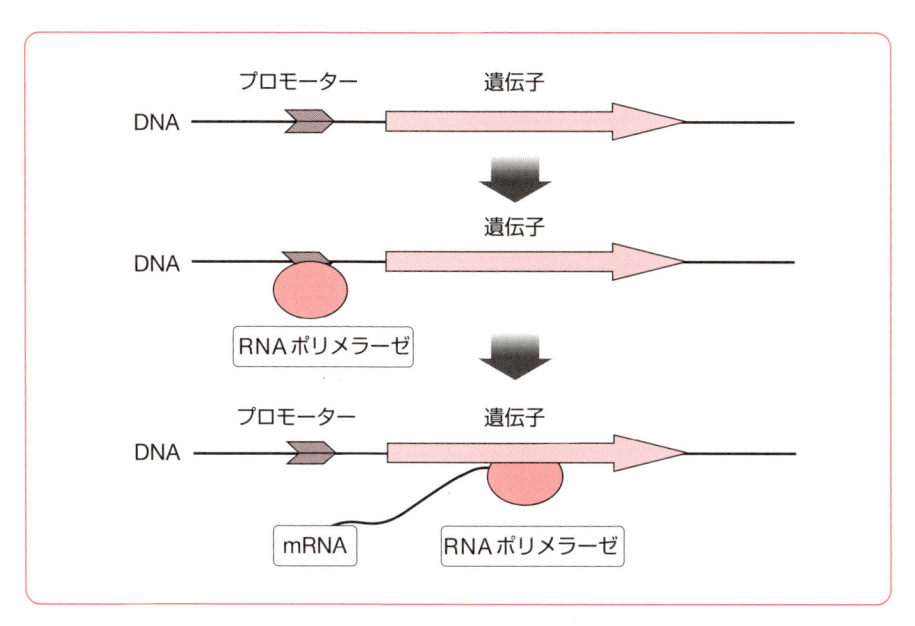

図 5・5　転　　写

RNA 鎖は 2 本鎖 DNA のうちの 1 本を鋳型として，DNA の複製と同様に対応するヌクレオチドを 1 個ずつ 5′ 末端から 3′ 末端に向かって連結することにより進行する．RNA 鎖の転写にはプライマーは必要ない（図 5・5）．

RNA にはいくつもの種類があり，転写・翻訳・遺伝子の発現制御など，生体内でさまざまな働きをしている．タンパク質の情報を伝える**メッセンジャー RNA**（mRNA）と，アミノ酸を運ぶ**トランスファー RNA**（tRNA）および，タンパク質合成の場であるリボソームに含まれる**リボソーム RNA**（rRNA）の三つが特に重要である．

翻　　訳

タンパク質は 20 種類のアミノ酸がペプチド結合により連結した高分子である．アミノ酸はアミノ基（$-NH_2$）とカルボキシル基（$-COOH$）を持つ分子であり，側鎖（$-R$）の形により酸性・中性・塩基性のアミノ酸，親水性・疎水性のアミノ酸，分子量の大きなアミノ酸・小さなアミノ酸と，さまざまな性質のものがある（図 5・6）．これらのアミノ酸の組合せにより，タンパク質には無限ともいえる種類が存在する．

DNA から転写された mRNA には，アミノ酸の種類と順番を示す情報が暗号化（コード）されており，mRNA の 3 塩基（**コドン**）が 1 個のアミノ酸を指定している．mRNA の情報からタンパク質を合成する過程を**翻訳**（translation）という．タンパク質は，rRNA と数十種類のタンパク質により構成される**リボソーム**（ribosome）で翻訳される．mRNA がリボソームに結合すると，3 塩基ずつコドンが読み取られて，これと相補的な**アンチコドン**を持つ tRNA が引き寄せられる．tRNA には対応するアミノ酸が結合しており，リボソームの上で順に連結されてタンパク質分子が合成されてゆく（図 5・7）．

tRNA はクローバー型の構造を持ち，その一端の 3 塩基がアンチコドンであり，もう一端にアミノ酸が結合している（図 5・8）．mRNA 上のコドン

図 5・6　20 種類のアミノ酸（1）

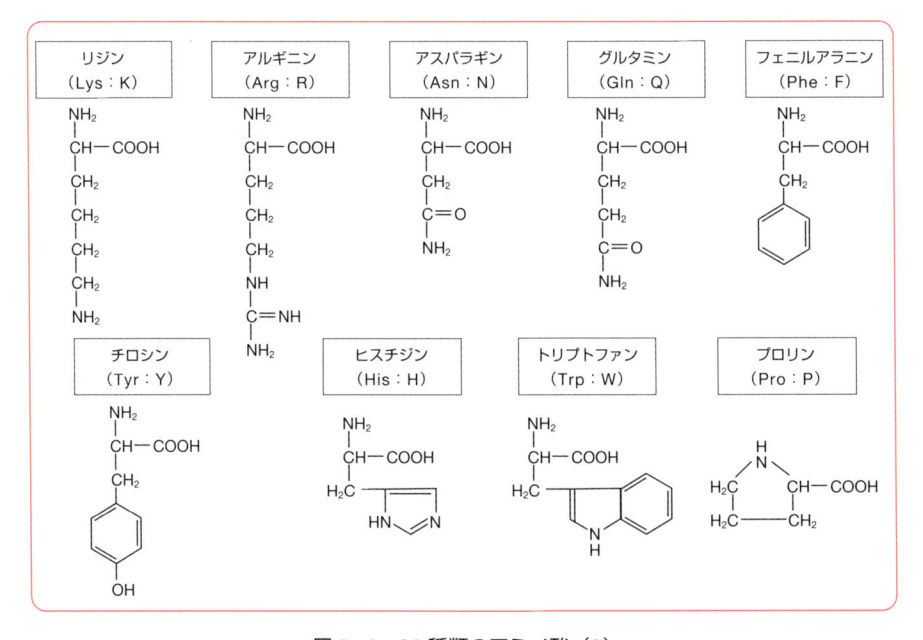

図 5・6　20 種類のアミノ酸（2）

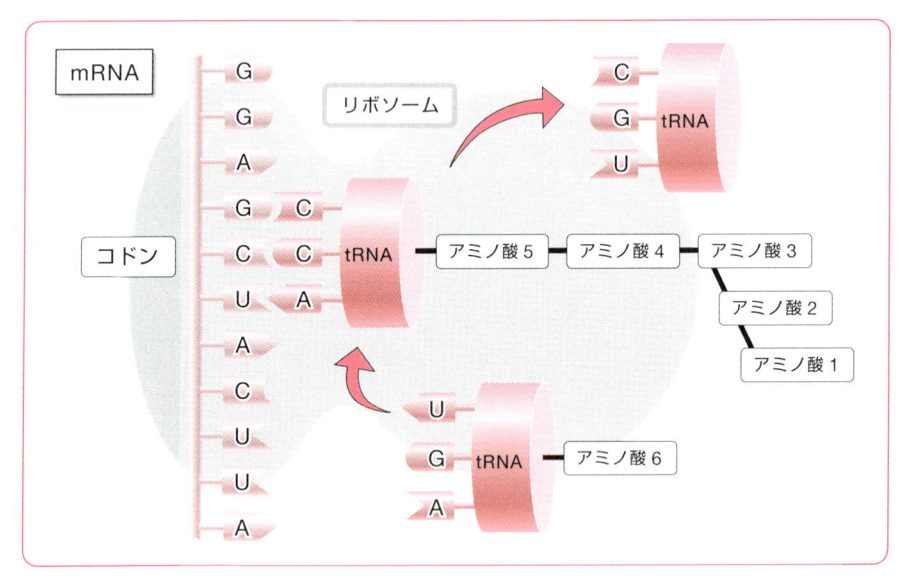

図5・7　翻　訳

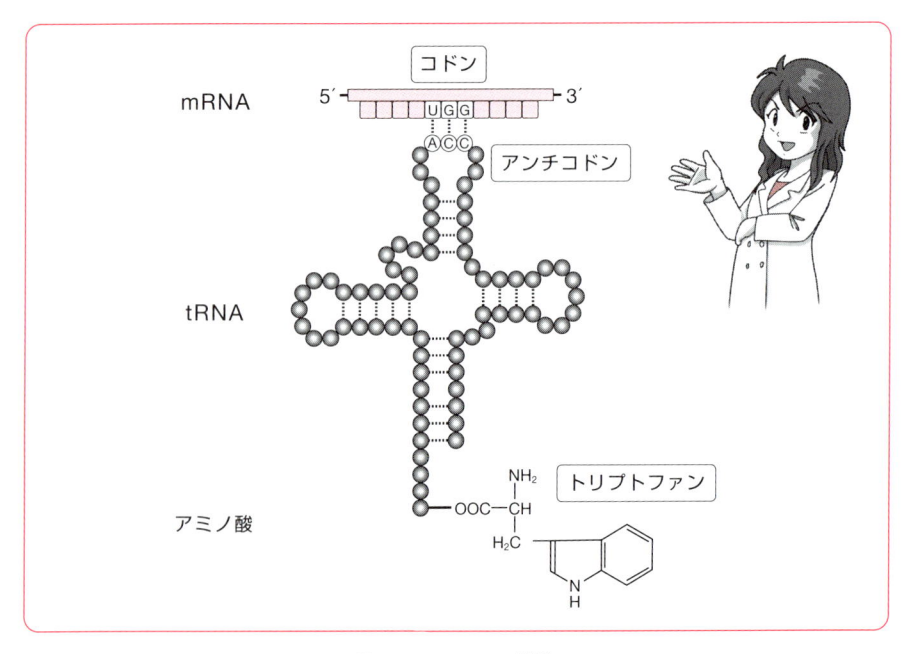

図5・8　tRNAの構造

1文字目	2文字目				3文字目
	U	C	A	G	
U	UUU Phe UUC Phe UUA Leu UUG Leu	UCU Ser UCC Ser UCA Ser UCG Ser	UAU Tyr UAC Tyr UAA 終了 UAG 終了	UGU Cys UGC Cys UGA 終了 UGG Trp	U C A G
C	CUU Leu CUC Leu CUA Leu CUG Leu	CCU Pro CCC Pro CCA Pro CCG Pro	CAU His CAC His CAA Gln CAG Gln	CGU Arg CGC Arg CGA Arg CGG Arg	U C A G
A	AUU Ile AUC Ile AUA Ile AUG Met	ACU Thr ACC Thr ACA Thr ACG Thr	AAU Asn AAC Asn AAA Lys AAG Lys	AGU Ser AGC Ser AGA Arg AGG Arg	U C A G
G	GUU Val GUC Val GUA Val GUG Val	GCU Ala GCC Ala GCA Ala GCG Ala	GAU Asp GAC Asp GAA Glu GAG Glu	GGU Gly GGC Gly GGA Gly GGG Gly	U C A G

図5・9　遺伝暗号表

UGGに対して，相補するACCのアンチコドンを持つtRNAはアミノ酸のトリプトファン（Trp）を運び，合成中のペプチド鎖に連結する．20種類のアミノ酸についてそれぞれ専用のtRNAが存在する．

　4種類の塩基が3個連なるコドンは$4 \times 4 \times 4 = 64$通りであり，すべて対応するアミノ酸が解読されている（図5・9）．コドンの組合せの方が多いので，一つのアミノ酸に対して複数のコドンが対応する．

　タンパク質の合成の開始は，AUGのコドンによって指定される．また，UAA，UAG，UGAの三つのコドンには対応するアミノ酸がないので，これらのコドンがあるとタンパク質の合成が終了する．コドンの遺伝暗号表は，地球上のすべての生物についてほぼ共通である．

　タンパク質は特定の立体構造をとってはじめて機能を持つ．リボソームで合成されるのは正確にはアミノ酸が連結しただけのポリペプチドであり，これが水素結合によりα-ヘリックス（らせん形）構造やβ-シート（波形）

リボン型モデル　　　　　　　充填型モデル

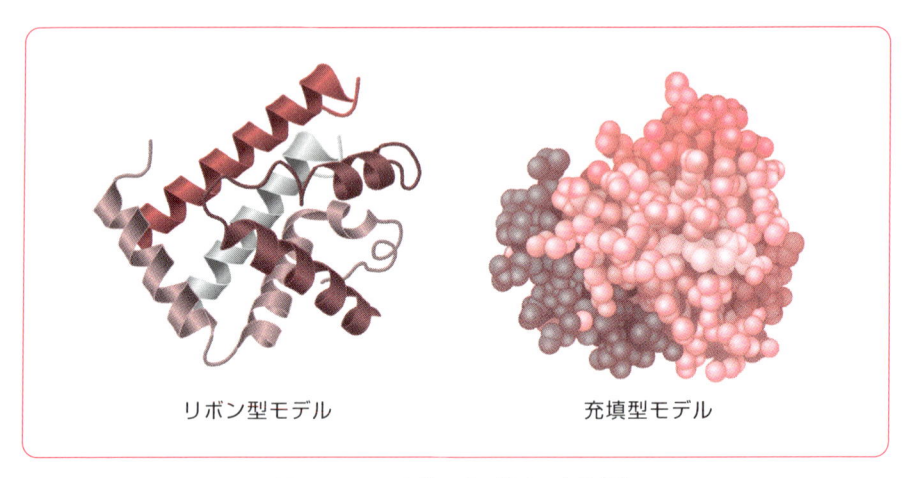

図5・10　ミオグロビン分子の立体構造

構造を形成し，さらに三次元的に畳み込まれて特有の立体構造をとる．タンパク質の立体構造は，ポリペプチド鎖の位置とα-ヘリックスなどの構造だけを示すリボン型モデルや，充填型モデルなどにより表現される．筋肉に含まれるミオグロビンは，世界で最初に立体構造が解明されたタンパク質である（図5・10）．

5・2　遺伝子の取扱い法

● プラスミド

　細菌には核が存在しないため，長大な染色体 DNA 分子は細胞質内に凝集して存在している．細菌の多くは，染色体 DNA に加えて，**プラスミド**と呼ばれる自己増殖できる小さな環状の DNA を持っている．細菌の生存に重要な情報は染色体 DNA に含まれており，プラスミドには特殊な化合物の分解や，抗生物質耐性などに関係する遺伝子が載っていることが多い．プラスミ

ドは分子量が小さくて扱いやすい上に,コピー数が多く細胞への導入も容易なため,遺伝子工学の分野でさまざまな目的に用いられている.

通性嫌気性のグラム陰性桿菌である大腸菌(*Escherichia coli*)のK-12株は,1940年代に遺伝子組換え現象が見いだされて以来,分子生物学の主役であり,遺伝子研究に必須の微生物となっている.培養が容易で,プラスミドを用いた形質転換の効率が非常によいことから,さまざまな生物の遺伝子組換え研究にも,まず大腸菌を宿主として目的の遺伝子を組み立てる.

● 遺伝子操作 ●

近年**クローン**(clone)という言葉を耳にすることが多い.単一の細胞に由来し,同一の遺伝子組成を持つ個体をクローンという.挿し木や,雌だけでも子を産み続けることができるアリマキなどはクローンである.分子生物学では,不特定の多量のDNAから特定の塩基配列を持つDNA断片を単離

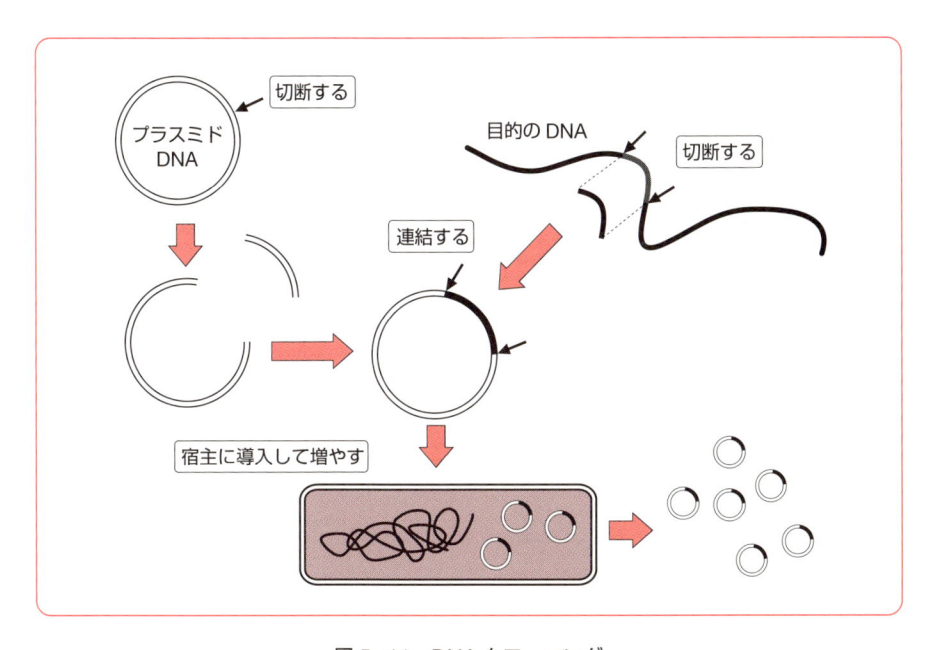

図5・11 DNAクローニング

することを**クローニング**（**クローン化**：cloning）という．クローン化された DNA 断片は大量に増やして，塩基配列を決定することや人工的に改変することも可能であり，遺伝子工学の基本技術である（**図 5・11**）．

　DNA のクローニングの基本原理は，目的とする DNA を細胞から切り出し，それをプラスミド DNA に連結して大腸菌（宿主）に導入する．目的の DNA 断片を含むプラスミドを持つ大腸菌を選抜して培養し，十分に増えたところでプラスミド DNA を集めればよい．

　宿主の細胞内で複製し，DNA クローニングに用いられるプラスミド DNA を**ベクター**（vector）という．DNA クローニングには，DNA 鎖を特定の位置で「切る」ことと，ベクターに「つなげる」ことが必要である．DNA 鎖を「切る」には**制限酵素**が用いられる．制限酵素は，特定の塩基配列を認識して 2 本鎖 DNA を切断する．制限酵素には認識する塩基配列によ

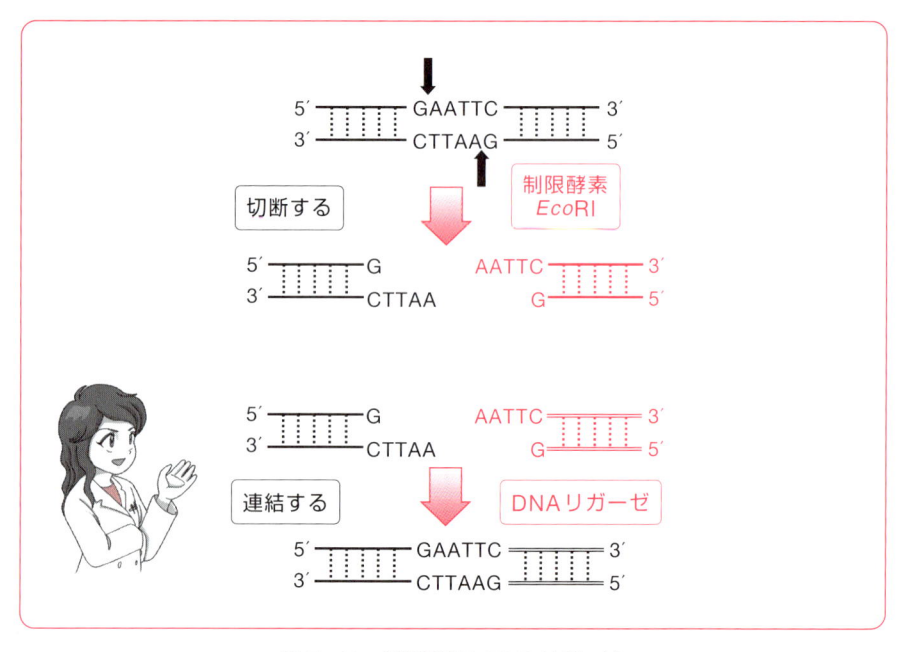

図 5・12　制限酵素と DNA リガーゼ

り多くの種類がある．たとえば，*Eco*RI という制限酵素は，DNA 鎖中の

```
5′-GAATTC-3′       5′-G AATTC-3′
              ⇒
3′-CTTAAG-5′       3′-CTTAA G-5′
```

という6塩基対を認識して，5′-AATT-3′ と4塩基突き出した形で切断する．制限酵素によって，この「切り口」の形が異なる．

一方，DNA の末端を「つなげる」には **DNA リガーゼ**が用いられる．同じ形の「切り口」の末端同士は DNA リガーゼにより連結することができる（図5・12）．また，「切り口」の形が異なる DNA 末端同士を連結したいときには，DNA ポリメラーゼ I を用いて，「切り口」の突き出し部分を平らにして，特定の「切り口」をつくるリンカーを接続するなど，さまざまな遺伝子工学のテクニックが開発されている．

ベクターに外来の DNA 断片を連結することによって生じた「組換えプラスミド」を大腸菌に導入することを**形質転換**（transformation）という．ベクターには抗生物質耐性遺伝子がマーカーとして組み込んであるので，大腸菌をアンピシリンなどの抗生物質を含む寒天培地で培養することにより，プラスミドを取り込んだ大腸菌だけが増殖して培地上にコロニーと呼ばれる集

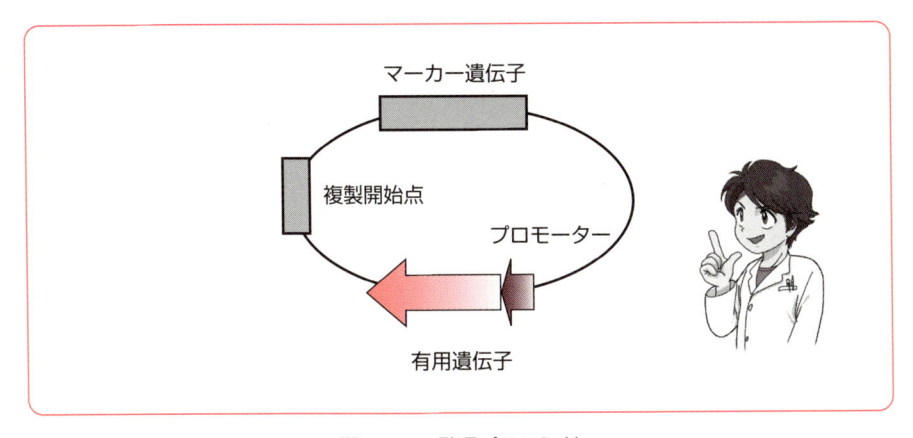

図5・13　発現プラスミド

落を作る．1個のコロニーから得られる組換えプラスミドは，特定の DNA 断片だけが含まれる DNA クローンである．

　生物によってプロモーターなどの塩基配列は少しずつ異なっている．特定の遺伝子を微生物の中で発現させて有用物質を生産するために，強力なプロモーターとマーカー遺伝子を含む発現ベクターが多数開発されている（図 5・13）．

● PCR ●

　試料が貴重で DNA がほんのわずかしか得られない場合でも，一部の塩基配列がわかっていれば，特定の DNA 断片を大量に増幅することができる．**PCR**（ポリメラーゼ連鎖反応：Polymerase Chain Reaction）と呼ばれるこの技術は，現代の遺伝子解析にはなくてはならない技術として幅広く利用されている．PCR 法の概略は以下のとおりである（図 5・14）．

（1）試料から抽出した DNA に熱をかけて，2本鎖 DNA を 1 本鎖に変性する（94℃，30 秒）．
（2）増幅したい DNA 断片の両側に 20 塩基程度の 1 本鎖 DNA プライマーを結合させる（55℃，1 分）．
（3）DNA ポリメラーゼによりプライマーの先に DNA 鎖を伸張させる（72℃，1 分）．
（4）(1)〜(3)のステップを 20〜30 回繰り返す．

　好熱性の細菌から分離された耐熱性の DNA ポリメラーゼを用いることにより，試料の入った試験管の温度を上下させるだけで反応は自動的に進行する．1 回の反応で DNA が 2 倍に増幅されるので，20 回の繰返し反応により DNA を約 100 万倍に増幅することができる．

　PCR 法により増幅された DNA 断片は，塩基配列を決定してデータベースに登録されている塩基配列情報と比較し，塩基配列の特徴からさまざまな情報を引き出すことができる．この技術は，遺伝性疾患の診断・特定の人に

対する薬の効き目の推定・犯罪捜査における犯人の割り出し・親子鑑定・農産物や海産物の産地調査・遺伝子組換え作物の検出など，社会の中で幅広く利用されている．

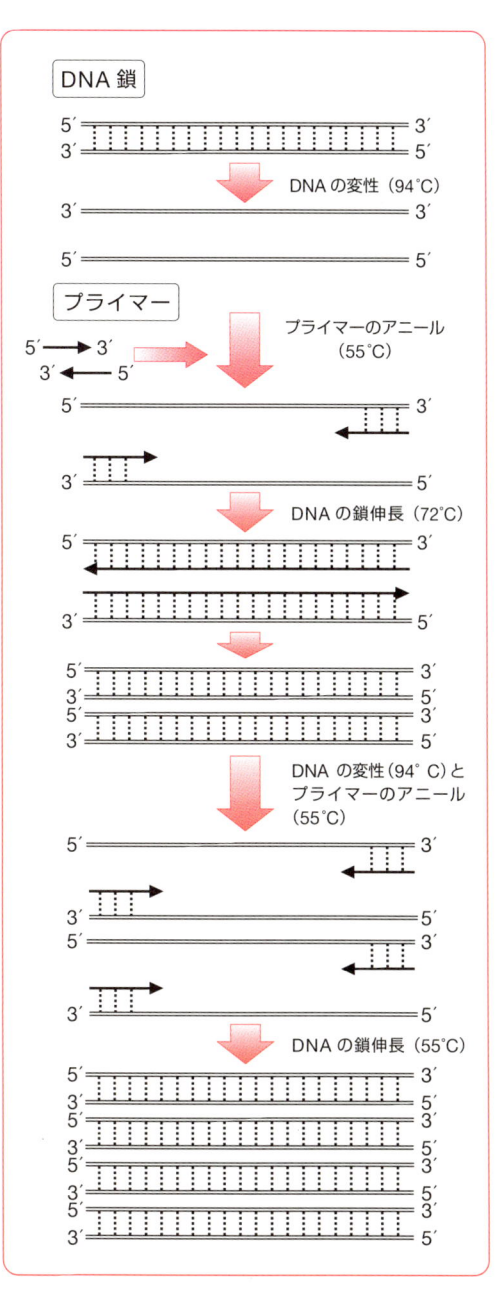

図5・14　PCR

遺伝子の発現と制御

必要なときに必要な遺伝子が転写されるように，遺伝子の発現は精密に制御されている．遺伝子の上流にはプロモーターと呼ばれる特別な塩基配列が存在する．RNA ポリメラーゼは DNA の塩基配列の中からプロモーターを見つけて結合し，その遺伝子を mRNA に転写する．

ラクトース（乳糖）の利用に関わる遺伝子は，ラクトースが存在するときだけ発現する．この遺伝子はプロモーターの下流に**オペレーター**と呼ばれる配列がある．普段はここに**リプレッサー**と呼ばれるタンパク質が結合し，RNA ポリメラーゼをブロックして mRNA が転写されないように止めている．ラクトースはこの遺伝子の誘導物質として働く．ラクトースはリプレッサーに結合して，リプレッサーがオペレーターに結合できないように変形させる．すると，邪魔者がなくなった RNA ポリメラーゼは下流の遺伝子を

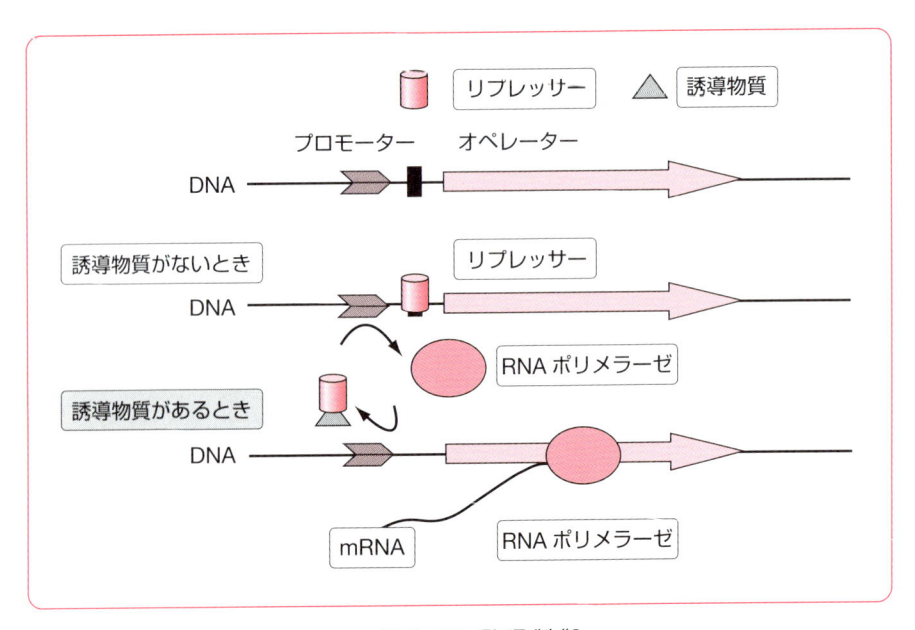

図 5・15　発現制御

mRNAに転写できるようになる（図5・15）．

　アミノ酸の生合成に関わる遺伝子は，そのアミノ酸が不足しているときにだけ発現する．アミノ酸Aが前駆体から5段階の反応によって合成される場合を考えよう．アミノ酸Aが不足しているときには，生合成に必要な5つの酵素をコードしている遺伝子が全部発現している．細胞の中にアミノ酸Aが十分たまると，アミノ酸Aは最初の反応を触媒する酵素1に結合して，この酵素の反応を阻害する．このように最終生産物（この場合はアミノ酸A）によって，生合成系酵素の活性が阻害されることを**フィードバック阻害**という．

　さらに，アミノ酸Aはこのアミノ酸の生合成系の遺伝子群のmRNAへの転写もストップさせて，エネルギーの浪費を防ぐ．こうした遺伝子群の転写抑制を**フィードバック制御**という（図5・16）．

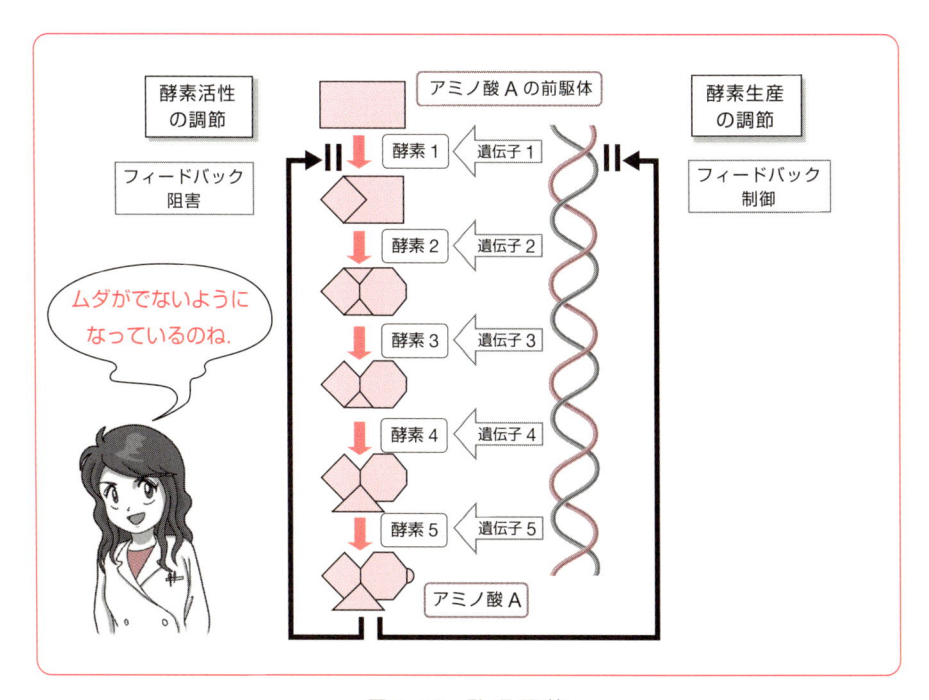

図5・16　発現調節

5・3　微生物のゲノム

ゲノムプロジェクト

　ある生物種が完全な個体として生きていくのに必要な遺伝情報の1セットを**ゲノム**（genome）という．ヒトは父親と母親から1セットずつ計2セットの染色体を受け継いでいるが，そのうち1セットがヒトのゲノムである．ある生物のゲノムを構成するDNAの塩基配列を全部解読してしまう壮大なプロジェクトが**ゲノムプロジェクト**である．

　効率のよいDNAシークエンサー（塩基配列決定装置）の開発により，次々に微生物のゲノムが明らかにされている．ゲノムの決定には，まず微生物から抽出したDNAを1000塩基対くらいの大きさに切断してクローン化して数万個のコレクションを作る．これらを片端からDNAシークエンサーにかけて塩基配列を決定し，強力なコンピュータにデータを蓄えて，塩基配列をつなげてゆき，最終的に1本に統合する．大腸菌のゲノムは約460万塩基

表5・1　微生物のゲノム研究

生物種	ゲノムサイズ(Mb)	遺伝子数	染色体数
インフルエンザ菌（*Haemophilus influenzae*）	1.8	1,700	—
大腸菌（*Escherichia coli*）	4.6	4,300	—
パン酵母（*Saccharomyces cerevisiae*）	12	5,800	16本*
黄麹菌（*Aspergillus oryzae*）	37	12,000	8本*
線虫（*Caenorhabditis elegans*）	97	19,000	12本
シロイヌナズナ（*Arabidopsis thaliana*）	118	25,500	10本
ショウジョウバエ（*Drosophila melanogaster*）	180	13,700	8本
イネ（*Oryza sativa*）	430	60,000	46本
ハツカネズミ（*Mus musculus*）	2,600	25,000	40本
ヒト（*Homo sapiens*）	2,900	25,000	46本

＊パン酵母と黄麹菌は1倍体の染色体数を示す．

対であり，約 4300 個の遺伝子が含まれている．個々の遺伝子の機能は盛んに研究されているが，機能がまったくわかっていない遺伝子が 1000 個以上残っている．

高等動物や植物は微生物の約 1000 倍のゲノムを持っているが，遺伝子の数はそれほど多くない．2003 年にヒトのゲノムの解読が完了し，約 30 億塩基対の配列が明らかとなったが，遺伝子は約 2 万 5000 個程度と考えられている（表 5・1）．

微生物のゲノム研究

世界各地で実施されているゲノムプロジェクトにより，多数の微生物のゲノムが決定され，公共のデータベースに収録されて公開されている．研究者は，インターネットにより必要なデータを無料でダウンロードすることができる．

未知の生物の遺伝子でも，データベースによく似た遺伝子が見つかれば，同様の機能を持っていると推定できる．自然環境に生息する微生物の大半は実験室での培養が困難である．そこで，培養を行わずに環境のサンプルから微生物の DNA を回収して，塩基配列を解読する研究（メタゲノム解析と呼ばれる）が各地で行われている．

COLUMN：誰でもできるとは限らない微生物の分離
（スクリーニングについて）

　自然に生えてくる微生物を分離するのだから特に才能も，新しい発想法もいらない．時間とお金をかければ，微生物の分離は誰にでもできるものと思われがちである．

　微生物学自体が科学の仲間入りをしてまだ百年にしかならない．神のつくり上げた作品の多様性に驚き，それの整理に追われている段階といってもよい．つい最近も 11,000 メートルの深海から取った土のサンプルの中に，地上とは違った微生物が多数いることがわかった．遺伝子組換えの技術で，人類は思うがままに生物を変えることができると考えた．しかし現実は違った．耐熱性の酵素を作ろうとしても本当の意味での成功はしていない．改良型のみである．作品の一部を無断で借用して遺伝子組換えをして耐熱性が上がったと言っているだけである．隣の友人の答案をカンニングして，その一部を手直ししてよい点数をとっているのと同じである．

　自分で答案を書けない以上，よりよい答案を書く友達を捜し求めるのもテクニックの一つである．幸い 1 グラムの土の中に十億匹位の微生物はいる．となると自分の目的にあった答案はこの中にあるかも知れない．要はどのようにして，この答案を探すかである．闇雲にやっていた時代もあった．事実ペニシリン発見以来，数多くの微生物学者が土の中から微生物を探し，多数の抗生物質をつくり出した．ところが 20 年ほど前からこの答案探しも行き詰まってしまった．遺伝子組換え技術が発展し，このことを解決すると思ったが，この技術もお手本が必要であって，お手本無しでは答えが書けないことがわかった．そこで，従来ほとんど教科書に書かれていなかった極限条件下で生きていける微生物群を選び出して，そこから知識を得ようとした．編者が開発した好アルカリ性微生物，高温で生育する好熱性微生物，塩の濃度の高いところを好む好塩性微生物，トルエンの中で生育する溶媒耐性微生物など，いずれも 30 年前には考えられない微生物群である．これらの極限微生物を「スーパーバグ」と名づけて，その微生物の持つ知られざる能力を利用するプロジェクトが編者を中心に始まり，大きな成果をあげている．今まで考えられないようなアルカリ性や高温などの極限環境で微生物を分離する．これによって多くの新しい工業が起こり，我々の生活を豊かにしている．

　微生物の多様性，無限の能力を信じたスクリーニングはそれをする人の才能に大きく支配される．才能，これも神の与えてくださった物である．

Chapter 6

微生物の利用

6・1　発酵工業への利用

アルコール発酵

　酵母のアルコール発酵作用は，人類史上最も古くから利用してきた微生物の能力である．紀元前 3000 年ころのメソポタミアのバビロニア人はビールを製造していた．旧約聖書の"創世記"にはワインの飲用が記されている．醸造酒を蒸留してアルコール濃度を高くすることが考案されたのは，ずっと時代が下って 14 世紀に入ってからである．しかし，1 章で述べたように，微生物の存在がわかったのは 17 世紀であり，微生物の発酵作用が見つかったのは 19 世紀に入ってからであるから，人類は微生物を知るはるか以前からその能力を利用してきたことになる．

　アルコール発酵に使う酵母は *Saccharomyces cerevisiae* で，発酵原料は主として糖であるが，デンプンを用いることもある．ただし，酵母はデンプンを直接アルコール発酵できないので，あらかじめ加水分解してグルコースに変換しておくことが必要である．これをデンプンの糖化という．米から清酒をつくるときや麦からビールをつくるとき，あるいは芋から焼酎をつくるときも，常に原料中のデンプンを前もって糖化しなければならない．清酒醸造では原料米の糖化に古来，麹菌（コウジキン）を用いてきた．蒸した米に**黄麹菌**（*Aspergillus oryzae*）を増殖させ，生成する酵素（アミラーゼ）により糖化する．清酒の発酵は，蒸米に麹菌と酵母を同時に加えるので，デンプンの糖化とアルコール発酵が並行して進む．このように糖化と発酵の二

つの過程を同時に進める方法を**並行複発酵方式**といい，清酒醸造の特徴になっている．

　ビール醸造では，原料大麦の糖化にコウジのような微生物の力を借りず，大麦が発芽するときに生成するアミラーゼを利用する．大麦を発芽させて乾燥したものを**麦芽**（malt）という．麦芽の酵素で麦芽自身を糖化し，ホップを加えて麦芽汁（wort）とし，次いでこれに酵母を接種して低温（10℃前後）で発酵させる．ビール醸造では糖化とアルコール発酵の工程がはっきり分かれている．これを**単行複発酵方式**という．

　ワイン醸造ではブドウ果汁中のグルコースやフラクトースが酵母の働きに

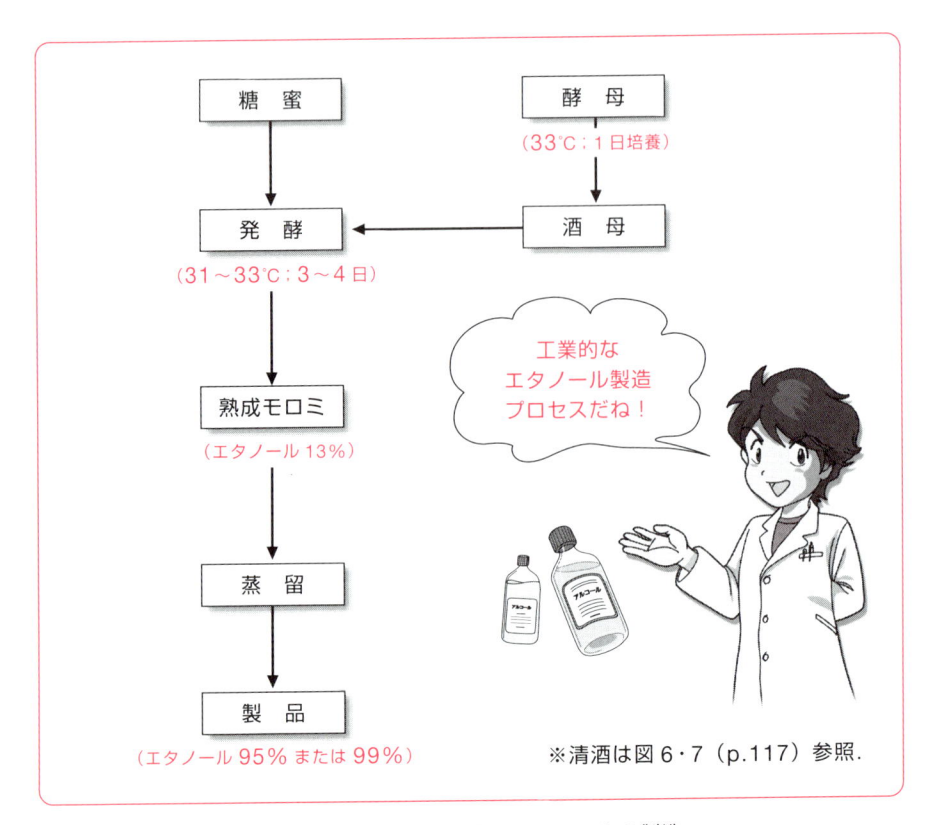

図6・1　糖蜜から工業用アルコールの製造

よって直接アルコールになるので，糖化工程は必要ない．これを**単発酵方式**という．

　工業用エタノールの生産には，これまで述べたアルコール飲料と異なり，安価な糖質原料を用いて発酵し，蒸留して 95% または 99% の高濃度エタノールにする（図 6・1）．日本は昭和 12 年からアルコール専売制度を採用し，合成法または発酵法ともエタノール製造はすべて国営工場または委託工場で行ってきた．発酵原料は制度発足から終戦後数年間までは国内産のジャガイモやサツマイモが主流であったが，近年は安価な輸入糖蜜を用いている．

● 有機酸発酵 ●

(1) 酢　酸

　清酒やワインを長期間放置するとしばしば "**酸敗**" という現象が起こり，酸味を帯びてくることがある．微生物の酸化作用によってアルコール分が酢酸に変化するためである．牛乳も酸敗してヨーグルト状に変化することがあるが，この場合は乳酸菌が繁殖して乳酸を生成するためである．このような経験から，人類は有機酸発酵の現象に気が付いていた．

　アルコールを酢酸に酸化する能力を持つ代表的細菌は，*Acetobacter aceti* である．細胞は短桿状で運動性がなく，好気性である．液体培地に静置培養するとゼラチン状のセルロースを生成し，培地上面に膜状に広がる．酢酸発酵は次式で示される．

$$\boxed{\text{グルコース}} \longrightarrow CH_3CH_2OH + O_2 \longrightarrow CH_3COOH + H_2O$$
$$\text{（エタノール）} \qquad\qquad \text{（酢　酸）}$$

　この反応式からもわかるように酢酸発酵には酸素が必要である．そのため，発酵装置は十分に空気を供給できるよう工夫されている．古くから行われている静置培養槽では，酸素は液表面から自然供給されるだけであり，酸化速度が遅いため発酵終了まで長時間かかる．日本の伝統的な米酢は，蒸米にコウジ菌と酵母を植えてアルコール発酵した後に酢酸菌を含む種酢を加えて

30℃で1〜3か月間発酵してつくる．香味豊かな食酢となる．現在は，発酵時間の短縮と大量生産のために，通気効果のよい大型タンクを用いて深部培養法により生産している．

(2) 乳　酸

最初に工業生産された有機酸が乳酸であった．糖から乳酸を生成する乳酸菌は，発酵型式によって**正常乳酸菌**（ホモ型）と**異型乳酸菌**（ヘテロ型）に分けられる．

正常乳酸菌は糖から乳酸のみ生成する．その収率は 90％以上である．

$$C_6H_{12}O_6 \longrightarrow 2\ CH_3CH(OH)COOH$$
（グルコース）　　　　　（乳　酸）

工業生産に使う正常乳酸菌は *Lactobacillus delbrueckii*，*L. bulgaricus*，*Streptococcus lactis* などで，ヨーグルト製造にも使われている．

異型乳酸菌は乳酸のほかにエタノールや炭酸ガスを生成する．

$$C_6H_{12}O_6 \longrightarrow CH_3CH(OH)COOH + C_2H_5OH + CO_2$$
（グルコース）　　　（乳　酸）　（エタノール）（炭酸ガス）

Leuconostoc mesenteroides や *Lactobacillus pentoaceticus* などがこれに属する．

発酵法による乳酸には D-型，L-型および DL-型の 3 種の光学異性体があるのに対して，筋肉で解糖経路から生成する乳酸は常に L-型である．乳酸の工業生産は，糖蜜やデンプン糖化液を原料とするときは正常乳酸菌を使い，炭酸カルシウムを添加して発酵させ，乳酸をカルシウム塩として捕捉する．これに硫酸を加えると乳酸が遊離する．乳酸は清酒，乳酸飲料，清涼飲料の補酸に使用するほか，皮革業で中和剤，織物工業やクリーニング業で仕上剤として使用する．乳酸菌そのものは清酒，味噌，しょう油，漬物の製造の際にも活躍し，風味形成に役立っている．

(3) カビが生産する有機酸

酢酸，乳酸以外のクエン酸，リンゴ酸およびイタコン酸などはカビを使っ

て生産する．いずれも TCA サイクルの中間代謝物である．

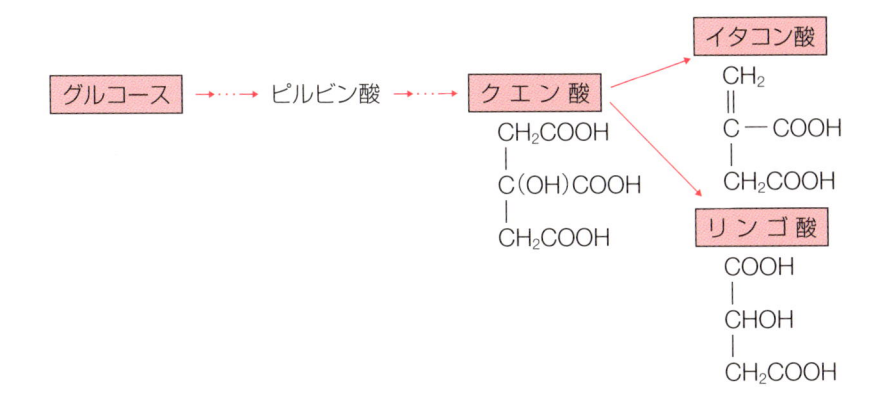

```
グルコース → ⋯ → ピルビン酸 → ⋯ → クエン酸
                                   CH₂COOH
                                   |
                                   C(OH)COOH
                                   |
                                   CH₂COOH
```

イタコン酸
$$\begin{array}{l} CH_2 \\ \| \\ C-COOH \\ | \\ CH_2COOH \end{array}$$

リンゴ酸
$$\begin{array}{l} COOH \\ | \\ CHOH \\ | \\ CH_2COOH \end{array}$$

　クエン酸発酵に用いるカビは *Aspergillus niger*，リンゴ酸発酵に用いるカビは *A. flavus* や *A. oryzae*，イタコン酸発酵に用いるカビは *A. terreus* である．いずれもグルコースを主成分とする培地に深部培養する．対グルコース収率は，クエン酸が約 85％，リンゴ酸が約 30％，イタコン酸が約 60％である．クエン酸とリンゴ酸は飲料・食品の酸味剤として広く用いられる．イタコン酸は二重結合を持つため反応性に富み，樹脂などの重合物の原料になる．

● アミノ酸発酵 ●

　アミノ酸発酵法は 1957 年日本で開発された．
　池原菊苗は 1908 年にアミノ酸の一つである**グルタミン酸**がコンブのうま味成分であることを発見した．その翌年から，鈴木三郎助・忠治兄弟は，小麦グルテンや大豆タンパク質を塩酸が加水分解してつくったグルタミン酸のナトリウム塩の生産を始めた．微生物細胞が自身のタンパク質合成に必要とする以上に特定のアミノ酸を生成することは，異常な現象と考えられたが，木下・鵜高はこの常識に挑戦し，1956 年ついにグルタミン酸を蓄積する微生物 *Corynebacterium glutamicum* を発見した．このことがアミノ酸発酵

実用化の第一歩となった．微生物や酵素の働きで生成するアミノ酸は，すべてL-型である．調味料のグルタミン酸ナトリウムもL-型のみがうま味を呈する．

アミノ酸の生合成系には調節機構が働き，過剰な生成蓄積を抑制する．そのため，発酵法によって直接生産できるアミノ酸は限られ，グルタミン酸のほかにバリン，アラニンなどがある．その他のアミノ酸は調節機構を人為的に制御したり，酵素反応を利用して生産する．グルタミン酸，リジンおよびアスパラギン酸を例に，それぞれの生産法について述べる．

(1) 直接発酵法によるグルタミン酸の生産

発酵法による生産にはじめて成功したグルタミン酸は，現在最も生産量の多いアミノ酸である．生成機構はTCAサイクルの中間代謝物のα-ケトグルタル酸がグルタミン酸デヒドロゲナーゼ（GDH）によりL-グルタミン酸に変換する．

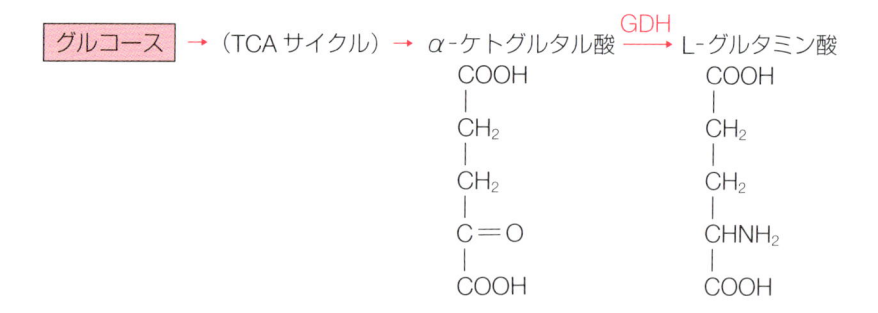

$$\boxed{\text{グルコース}} \rightarrow (\text{TCAサイクル}) \rightarrow \alpha\text{-ケトグルタル酸} \xrightarrow{GDH} \text{L-グルタミン酸}$$

```
           COOH            COOH
            |               |
           CH₂             CH₂
            |               |
           CH₂             CH₂
            |               |
           C=O             CHNH₂
            |               |
           COOH            COOH
```

現在まで知られているグルタミン酸生産菌は *C. glutamicum* のほかに *Brevibacterium flavum*，*B. thiogenitalis*，*Microbacterium ammoniaphilum* などである．いずれもグラム陽性，非運動性，胞子非形成の球菌または短桿菌で，増殖にビオチンを必要とする．ビオチン濃度を一定量（1～5μg/l）に制限したときグルタミン酸の生成量は最大に達する．ビオチン過剰のときは細菌は増殖するが，グルタミン酸の生成量は低下する．炭素源としてグルコース，窒素源として硫酸アンモニウム，尿素またはアンモニア

を含み，さらに CSL または酵母エキス，無機塩を加えた中性ないし微アルカリ性の培地で，27～32℃で20～30時間通気培養すると対糖50％以上の収率でグルタミン酸を得る．培養ろ液を濃縮し，塩酸を加えてグルタミン酸の塩酸塩として回収する．糖蜜を炭素源とするときは過剰量のビオチンが含まれているので，ペニシリンまたは非イオン性界面活性剤を加えてビオチンによる生産抑制を緩和する．両物質とも細菌の細胞膜の合成阻害または透過性を変えてグルタミン酸の分泌を促すと考えられる．

(2) 代謝制御発酵法によるリジンの生産

リジンの生合成経路には，ジアミノピメリン酸経路とα-アミノアジピン酸経路の二つがある．細菌，放線菌などは前者によりリジンを生成する（図6・2）．この経路の途中からホモセリンを経由して，スレオニン，メチオニン，イソロイシンも生成する．これらのアミノ酸は微生物自身が必要とする一定量以上は生成しない．これは生成量が一定のレベルに達すると代謝の進行を抑制する機構が働くからである．図6・2の代謝経路では，ホモセリンやスレオニンがアスパラギン酸キナーゼ（E_1）の活性を阻害して下流のアミノ酸の生成を抑制する．このような代謝調節機構を**フィードバック制御**という．もし脱水素酵素（E_2）がなく，ホモセリンやそれ以降のアミノ酸が生成しなければフィードバック制御は起こらず，同時にこの代謝系はリジンのみを生成することになる．リジンはフィードバック作用を持たない．このような考えのもとに，人工突然変異の方法により酵素 E_2 を欠失した変異菌をつくり，リジンを過剰に蓄積する方法が考案された．変異菌はホモセリンおよびそれ以降のアミノ酸を生成できないので，培養するときこれらを加えて増殖を助けてやる必要がある．このような変異菌を**栄養要求変異株**という．

リジン発酵に用いるホモセリン要求変異株は，グルタミン酸発酵細菌に紫外線を照射して突然変異させたものである．炭素源のグルコースのほかに，スレオニン，メチオニン，ホモセリンなどの必要栄養源を与えて培養すると，対糖収率30～40％でL-リジンを得る．L-リジンは必須アミノ酸の一つで

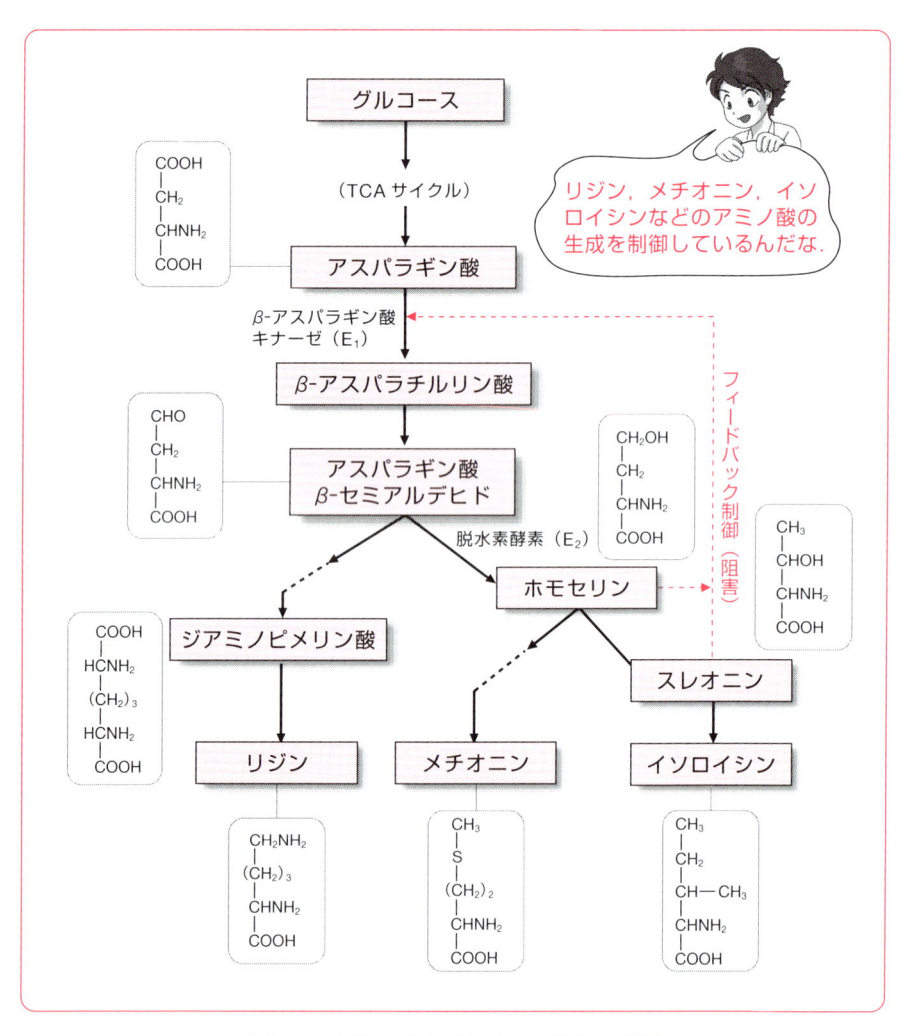

図 6・2　リジンの生合成とフィードバック制御

あり，穀類の栄養強化，動物飼料の栄養補強，医薬品の原料などに使う．

　代謝制御発酵法により生産できるアミノ酸はリジンのほかに，チロシン，フェニルアラニンおよびプロリンなどがある．

(3) 酵素法による L-アスパラギン酸の生産

　L-アスパラギン酸は，フマル酸とアンモニアに酵素アスパルターゼを作

用させてつくる.

$$\begin{array}{c} COOH \\ | \\ CH \\ || \\ CH \\ | \\ COOH \end{array} + NH_3 \xrightarrow{(アスパルターゼ)} \begin{array}{c} COOH \\ | \\ CH_2 \\ | \\ CHNH_2 \\ | \\ COOH \end{array}$$

（フマル酸）　　　　　　　　　　　　　　（L-アスパラギン酸）

　アスパルターゼは，その活性の強い大腸菌から抽出し，担体に固定化して用いる．最近は大腸菌細胞をそのまま固定化して用いる方法でも生産できるようになった．固定用の担体には，ポリアクリルアミドや天然多糖 κ-カラギーナンなどの高分子物質ゲルを用いる．この反応による L-アスパラギン酸の収率はほぼ 100% である．

　L-アスパラギン酸は医薬品，食品添加物，アミノ酸甘味料などに使う．

核酸発酵

　1908 年にコンブのうま味成分は L-グルタミン酸であることが明らかになり，引き続き 1913 年にカツオ節のうま味成分は**イノシン酸**であることが明らかになった．1957 年にはイノシン酸の製造法が開発され，そして 1960 年には工業生産が始まった．ここまですべて日本人の手でなされ，アミノ酸発酵とともに核酸発酵は日本の微生物学があげた大きな成果であった．イノシン酸は干しシイタケのうま味成分であるグアニル酸とともに核酸発酵法によって生産されている．核酸成分の中でうま味を持つのは，その構造が一定の条件を満たすときだけである．それは次に示す構造式に見られる．
① リン酸，リボースおよび塩基の三者が結合したヌクレオチドであること．
② 塩基はプリンであり，その 6-位に OH 基（水酸基）が付いていること．
③ 糖はリボースであるほうが，デオキシリボースよりうま味が強い．
④ リボースの 5′-位にリン酸基の付いた 5′-ヌクレオチドであること．

これらの条件を満たす 5′-ヌクレオチドは,うま味の強いものから順に 5′-グアニル酸, 5′-イノシン酸, 5′-キサンチル酸の 3 種である. これらの 5′-ヌクレオチドは, RNA の分解法, 発酵法, 半合成法などの方法で生産する.

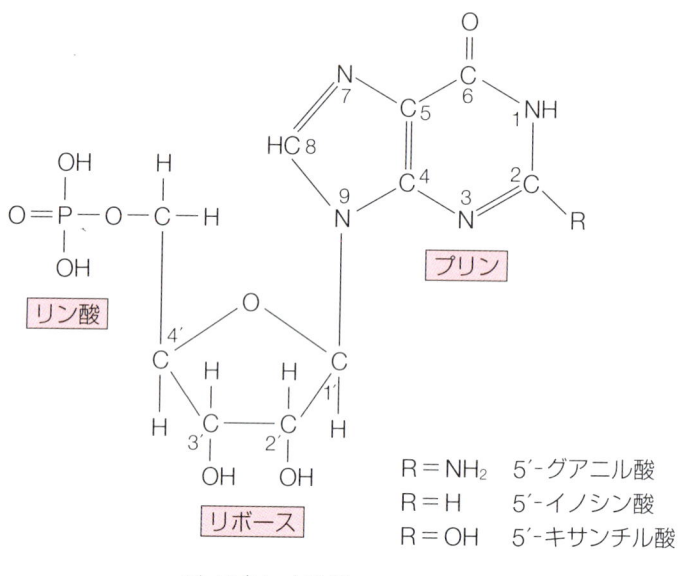

R = NH$_2$　　5′-グアニル酸
R = H　　　 5′-イノシン酸
R = OH　　　5′-キサンチル酸

5′-ヌクレオチド

(1) RNA 分解法

前記の条件の③から 5′-ヌクレオチドの原料は, 構成糖がデオキシリボースの DNA よりリボースを持つ RNA がよいことになる. RNA は, 増殖が速く細胞収量が多く, しかもその含有量の多い酵母細胞から抽出する. 廃糖蜜で培養して得た *Saccharomyces cerevisiae* の細胞から熱食塩水で抽出する. 抽出した RNA に, pH5, 温度 65 °C でホスホジエステラーゼを作用させると, 1 時間で 99 % が分解され, 構成成分である 4 種の 5′-ヌクレオチド(アデニル酸, グアニル酸, シチジル酸, ウリジル酸)の混合物を得る. この混合物からイオン交換樹脂を使ってアデニル酸とグアニル酸を分離する. アデニル酸は亜硝酸処理またはアデニル酸脱アミノ酵素によって脱アミノ化するとイノシン酸になる(図 6・3). RNA の分解と脱アミノ化に使う

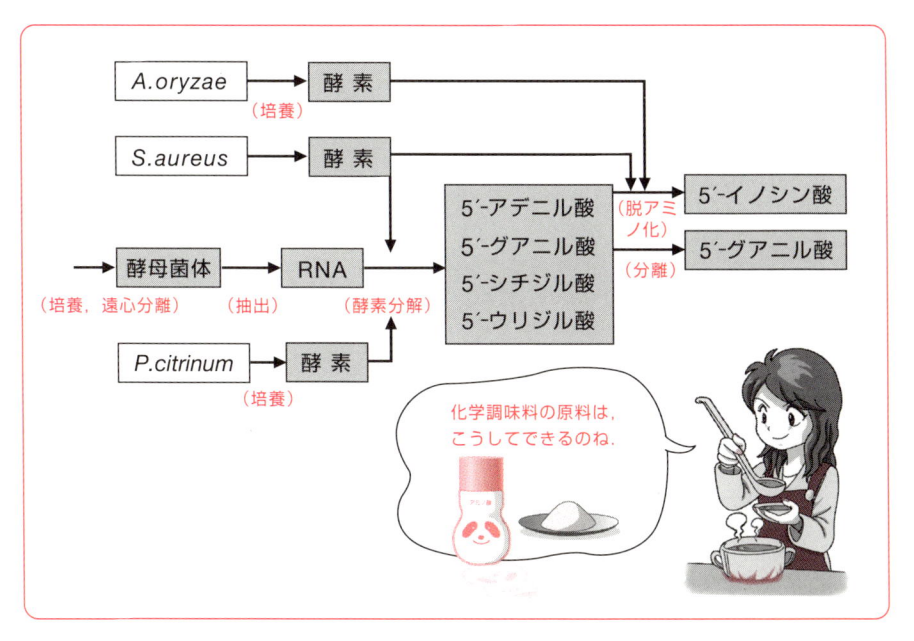

図6・3　RNA分解法による5′-ヌクレオチドの生産

酵素は，*Penicillium citrinum*，*Aspergillus oryzae*，または *Streptomyces aureus* が生成したものを使う．固体培養すると *P. citrinum* は 5′-ホスホジエステラーゼを，*A. oryzae* はアデニル酸脱アミノ酵素をそれぞれ生成する．*S. aureus* は液体培養すると両酵素を生成するので，培養液をそのまま RNA の分解に使える．カビからの培養液には，5′-ヌクレオチドからリン酸基を切り離してヌクレオシドにまで分解する酵素（ホスホモノエステラーゼ）も混在するので，この活性を抑制する必要がある．そのためには酵素反応の温度を高くしたり，活性阻害剤を加えるなどの方法をとる．

(2) 直接発酵法

ヌクレオチド生合成の経路やその調節機構の解明が進むにつれて，それを発酵法によって直接生産する道が開けた．ヌクレオチドの生合成はアミノ酸と同様にフィードバック制御を受けるので，それを解除するため栄養要求変異株を用いる．

イノシン酸生合成の出発物質は 5-ホスホリボシル-1-α-ピロリン酸（PR-PP）である（図 6・4）．PR-PP はグルタミンと反応し，1 位のピロリン酸がアミド基と置換した 5-ホスホリボシル-1-アミン（PRA）となる．PRA は数段階の反応を経て 5-アミノイミダゾール-4-カルボキサミドリボヌクレオチド（AICAR）となり，次いで閉環反応によりイノシン酸となる．この生合成系の初期の PRA 生成反応が，プリン塩基を持つヌクレオチドによってフィードバック阻害を受ける．イノシン酸の直接発酵に用いる細菌 *Brevibacterium ammoniagenes* は，プリン塩基を持つアデニン要求変異株にしてあり，アデニン添加の培地で培養する．

(3) 半合成法

イノシン酸やグアニン酸生成の中間体を発酵法により生産し，それを分離してからさらに化学反応を加えて目的物質を得る方法である．*Bacillus subtilis* や *B. megaterium* のプリン要求変異株はプリン含有培地で AICAR を生産する（図 6・4）．培養液から AICAR を回収分離し，化学反応により閉環，酸化，アミノ化してグアニル酸に変換する．

イノシン酸は，*Bacillus subtilis* のアデニン，ヒスチジン，ロイシン要求変異株や *Brevibacterium ammoniagenes* のアデニン，グアニン要求変異株を用い，多量のイノシンを生産する．これを回収分離し，化学反応によりリン酸化してイノシン酸とする．

抗生物質

ペニシリンは 1929 年にイギリス人のフレミング（A. Fleming）によってカビから発見され，1940 年にオックスフォード大学のフローリー（H. W. Florey）とチェイン（E. B. Chain）によって結晶化されて化学的に安定な抗生物質として登場した．1944 年には，アメリカのラトガース大学のワクスマン（S. A. Waksman）が放線菌から**ストレプトマイシン**を発見，さらに 1953 年にはサルディニア島で採取されたカビ（*Cephalosporium acre-*

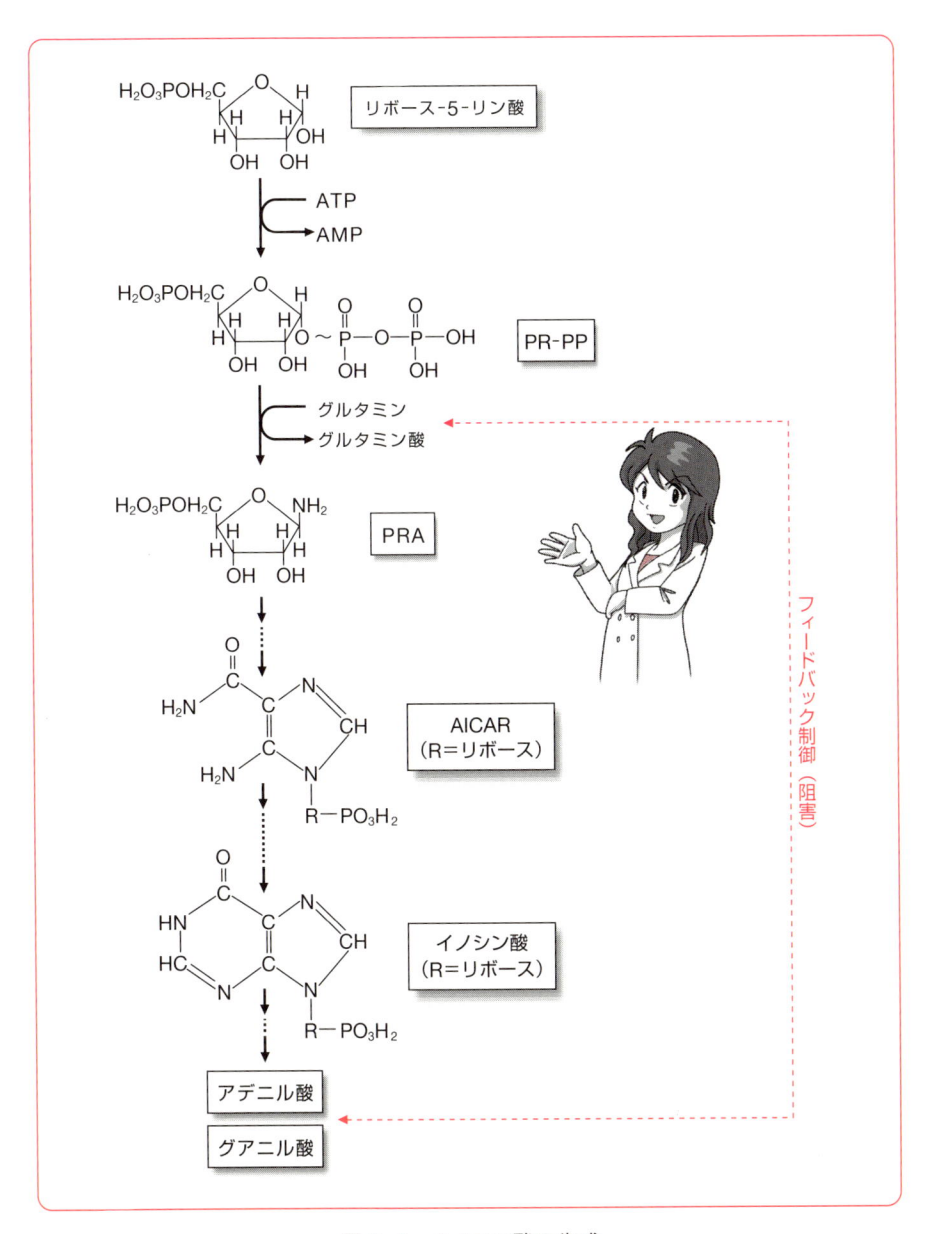

図6・4　イノシン酸の生成

monium）から**セファロスポリン**が発見され，ペニシリンに次ぐ有力な抗生物質となった．これまでに見つかった抗生物質は5000種にのぼるが，そのうち実用化されているものは約100種程度である．なかでもペニシリンとセファロスポリンの二つは，いまも抗生物質の中心位置を占めている．

当初のペニシリン生産菌 *Penicillium notatum* のペニシリン生産量は 1l 当たり数 mg であったが，現在，工業生産に使っている *P. chrysogenum* は，

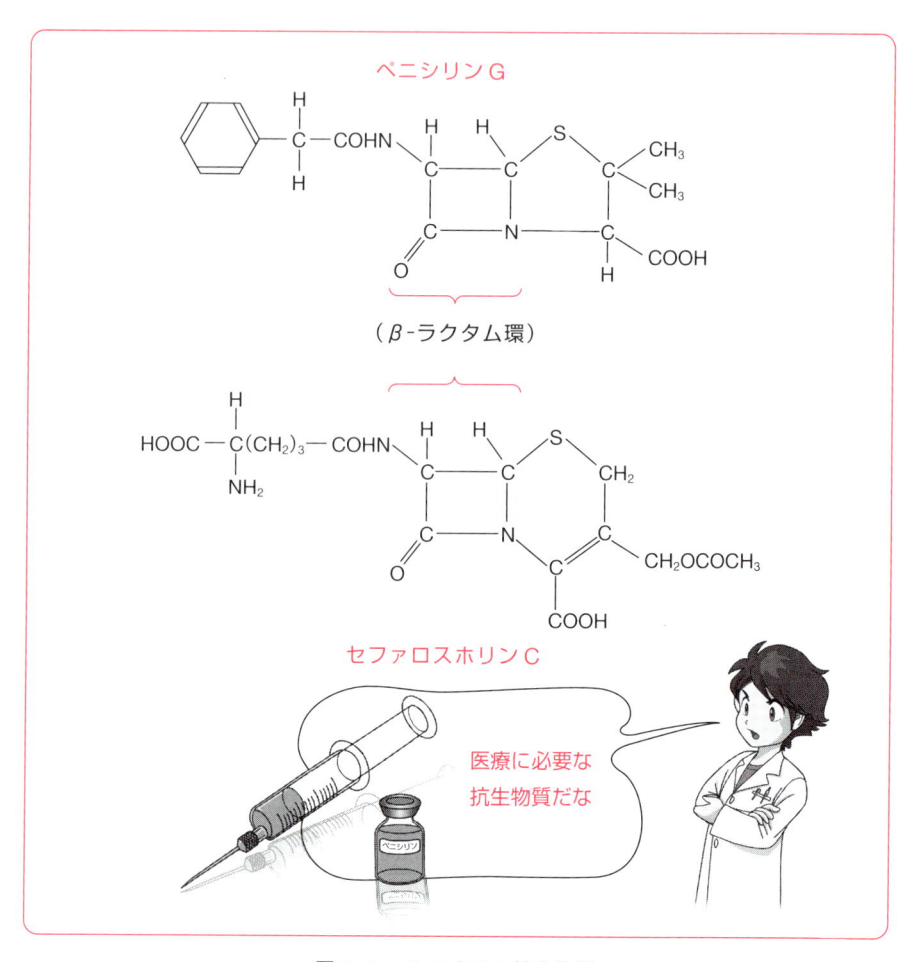

図6・5　β-ラクタム抗生物質

多くの変異処理を経て高生産能株となり，1 l 当たり20 g も生産する．この値は，原株の生産量の1000倍以上になる．培地は乳糖，CSL，$CaCO_3$ を主成分とし，深部培養した培養ろ液からペニシリンを溶媒抽出し，ナトリウム塩またはカリウム塩として結晶化する．ペニシリンは，微生物の大量培養法により工業生産された最初の発酵生産物であった．大量培養には容量10〜100トンのタンクを用いるため，培養の技術，管理計測，スケールアップなど多くの難問に直面したが，それらを一つ一つ解決してきた．その成果は近代発酵工業の基礎となったばかりでなく，発酵学の新局面を開拓した．

ペニシリンとセファロスポリンは，ともに炭素原子3個と窒素原子1個からなるβ-ラクタム環を持つので，**β-ラクタム抗生物質**と呼ばれる（**図6・5**）．この抗生物質は細菌の細胞壁の主成分であるペプチドグリカンの合成を特異的に阻害するので，やがて細胞は溶解して死滅する．したがって，細胞壁の厚いグラム陽性菌に特に有効である．人間に対して無害なのは，ヒト細胞にはペプチドグリカン層がないためである．β-ラクタム環のなかのアミド結合を分解して開環すると抗菌作用を失う．細菌や放線菌のなかには，開環作用をもつ酵素β-ラクタマーゼを生成するものがあり，これらはβ-ラクタム抗生物質に対し耐性を示す．

ストレプトマイシンはN-メチル-L-グルコサミン，L-ストレプトースおよびストレプチジンからなる抗生物質で，その構造からアミノ配糖体抗生物質といわれる（**図6・6**）．細胞内のタンパク質生合成を阻害することにより抗菌作用を示す．結核菌の特効薬であるばかりでなく，グラム陽性・陰性にかかわらず細菌一般に有効である．放線菌の *Streptomyces griseus* や *S. bikiniensis* を，グルコースや大豆抽出物などを含む培地で深部培養し，生成したストレプトマイシンをイオン交換法により分離する．

ストレプトマイシンは，グラム陽性菌から陰性菌まで有効な最初の抗生物質であった．この後，さらに抗菌活性の広い抗生物質の検索が続けられ，リケッチャ，スピロヘータ，原虫などにも有効なクロラムフェニコールやテト

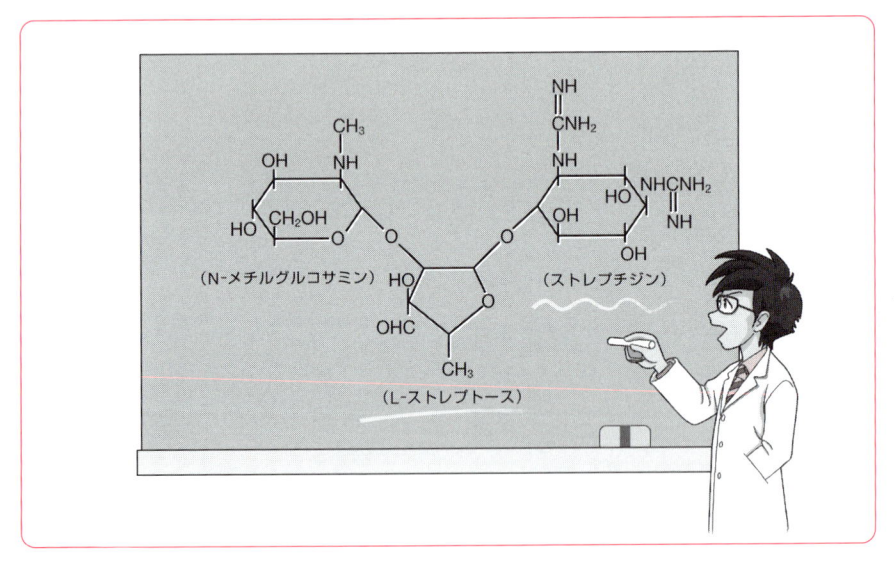

図6・6 ストレプトマイシン

ラサイクリンなどが発見された．今日まで経験的古典的検索方法により多くの抗生物質を見いだしてきたが，近年微生物生成の抗生物質に人為的に化学修飾を加えて抗菌力を強化したり，有効範囲を拡大する方法も研究されている．特にペニシリンとセファロスポリンは，化学的酵素学的方法により構造の一部を改変した多くの誘導体が次々と生産され，いわゆる抗生物質の世代交代が進んだ．

6・2 伝統発酵食品への利用

酒類（アルコール飲料）

(1) 清酒と焼酎

世界の国々には，それぞれ独自の発酵技術と特産の農産物を用いた醸造酒

やその蒸留酒がある．たとえばフランスのワイン，ドイツのビール，イギリスのウイスキー，ソ連のウオッカ，中国のコーリャン酒など，そして日本の清酒や焼酎である．

米から清酒をつくるには，デンプンの糖化とアルコール発酵の二つの工程が必要であるが，両者に微生物の力を巧妙に利用している（図 6・7）．清酒製造では二つの工程を同時に進める並行複発酵方式をとることはすでに述べた．米の糖化に麹（コウジ）を用いることは，日本や中国などで見られる独特の微生物利用法である．蒸米に種麹（*Aspergillus oryzae* の胞子）を散布し，麹室に置いて麹菌を繁殖させ，デンプン糖化酵素を生産する．この間，麹菌の繁殖に伴う発酵熱の発生により麹の温度が上昇し，または呼吸により CO_2 が充満するので，熱と CO_2 の放散および酸素の補給を兼ねて麹をかき混ぜたり，位置を変えたりする"手入れ"を数時間おきに繰り返さなければならない．こうして麹ができ上がるまでに 2 日間を要する．

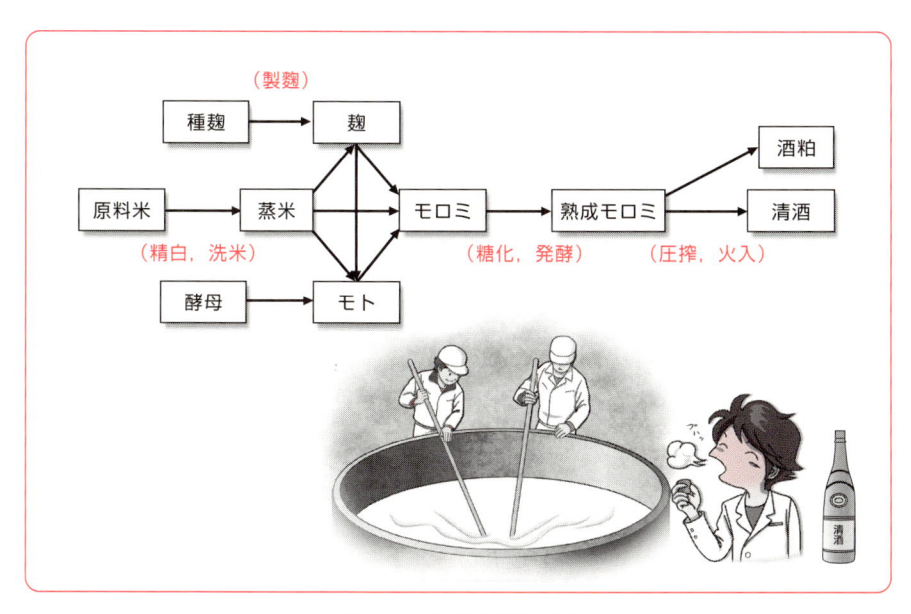

図 6・7　清酒の製造工程

製麴には多くの労力と長い経験を要するため，一部の大工場では，温度・通風が自動制御できる装置を採用している．

アルコール発酵に必要な酵母を育成したものが"モト（酛）"である．麴と水を加えた蒸米に Saccharomyces cerevisiae 系統の清酒用酵母を植え，7〜8℃に4〜5日間保つと糖化につれて乳酸菌が増殖してくる．乳酸菌は乳酸を生成してモトの pH を低下させ，雑菌の混入を防ぐのにも役立っている．その後，温度を上げると酵母が増殖してくる．モトの完成まで20〜30日かかる．これが山廃モトといわれる伝統的なモトの製法である．これに対し，乳酸を加えて速やかに酸性環境をつくり，酵母を大量接種して製造期間を短縮（約10日間）したものを速醸モトという．

こうしてできた麴とモトを蒸米に加えてモロミとし，15℃で糖化とアルコール発酵をゆっくり進める．約20日間でアルコール18％の熟成モロミとなる．これを圧搾，オリ引して清澄にし，次いで火入（60℃低温殺菌）すると清酒になる．清酒の起源は古事記までさかのぼる．平安時代には麴製造を専門とする職人がいたという．単一のカビを純粋培養に近い状態で保存していたことは，驚くべき技術である．世界で最初に微生物産業を興したのは，パスツールより1000年も以前の日本人であるといってもよい．長い伝統に支えられた清酒醸造業も蒸米・製麴・発酵などの各工程が自動化・連続化・大型化し，近代的発酵工業に変容した．

蒸留酒の焼酎は，江戸時代にオランダ人から蒸留法が伝えられて以来つくられてきた．清酒粕（カス）を密封貯蔵して糖化と発酵を継続し，蒸留したものがカスとり焼酎である．くず米や等級外米を原料にして清酒を醸造し，それを蒸留したものがモロミとり焼酎である．近年はサツマイモ，麦，ソバなど地方特産の原料を用いた焼酎も製造されている．これらの原料を糖化するために *Aspergillus awamori*，*A. saitoi*，*A. usamii* などのクロカビの麴を用いる．蒸留には単式蒸留機（ポットスチル）を用いるので，初留部の香気成分や中留部の風味成分が混入して特徴のある焼酎となる．こうしてつく

る焼酎は，製法上旧式焼酎と呼び，税法上乙類焼酎に分類される．

　これに対して，連続式あるいは精留式蒸留法により純度の高いアルコール分をとり，35％に薄めたものを新式焼酎および甲類焼酎という．アルコール発酵の原料には糖蜜を用いる．風味を与えるために乙類焼酎を少量混ぜることがある．

(2) ワイン

　ワインは世界で最も古い酒で，紀元前6000年頃にメソポタミアのシュメール人によって初めてつくられたといわれる．紀元前3000年頃に古代エジプトに伝わったとされ，ピラミッド内部の壁画にも製法が描かれている．その後，フェニキア人により古代ギリシャへ伝わり，古代ローマ時代にワイン製造技術が進歩し，ワイン製法の基礎が確立した．ワインはブドウ果汁にブドウ酒酵母（ワイン酵母）を用いて発酵させてつくる．伝統的な製法ではブドウ果実の天然酵母による自然発酵が主流であったが，現在では安定した発酵をさせるために，培養した酵母（酒母）を添加して発酵させる．製法により，白ワイン，赤ワイン，ロゼワインがある．

　白ワインは果皮の色の薄い品種（シャルドネ，ソーヴィニヨン・ブラン，リースリング，甲州など）を用いて，果皮や果肉を取り除いて搾汁だけを発酵させてつくる．赤ワインは果皮が濃赤色の品種（カベルネ・ソーヴィニヨン，メルロー，ピノ・ノワール，ネッビオーロなど）を用いて，果皮や果肉を含んだままの果汁を発酵させ，その色素やタンニンを溶出させたものである．製造工程で，雑菌防止と酸化防止のためにメタ重亜硫酸カリウムを加える．発酵が終わったワインは，酵母や酒石などの澱が沈降するために，ろ過や静止などにより澱を分離する．熟成期間中も澱が生じるので適宜，澱引きを行う．ワインの樽貯蔵中に自然に乳酸菌が生えて，ブドウ酒のリンゴ酸が乳酸と炭酸ガスに変わり，酸味が減少し味がまろやかになる現象を**マロラクティック発酵**という．特に酸味の強いブドウ果汁の場合や赤ワインの減酸の場合に利用される（図6・8）．

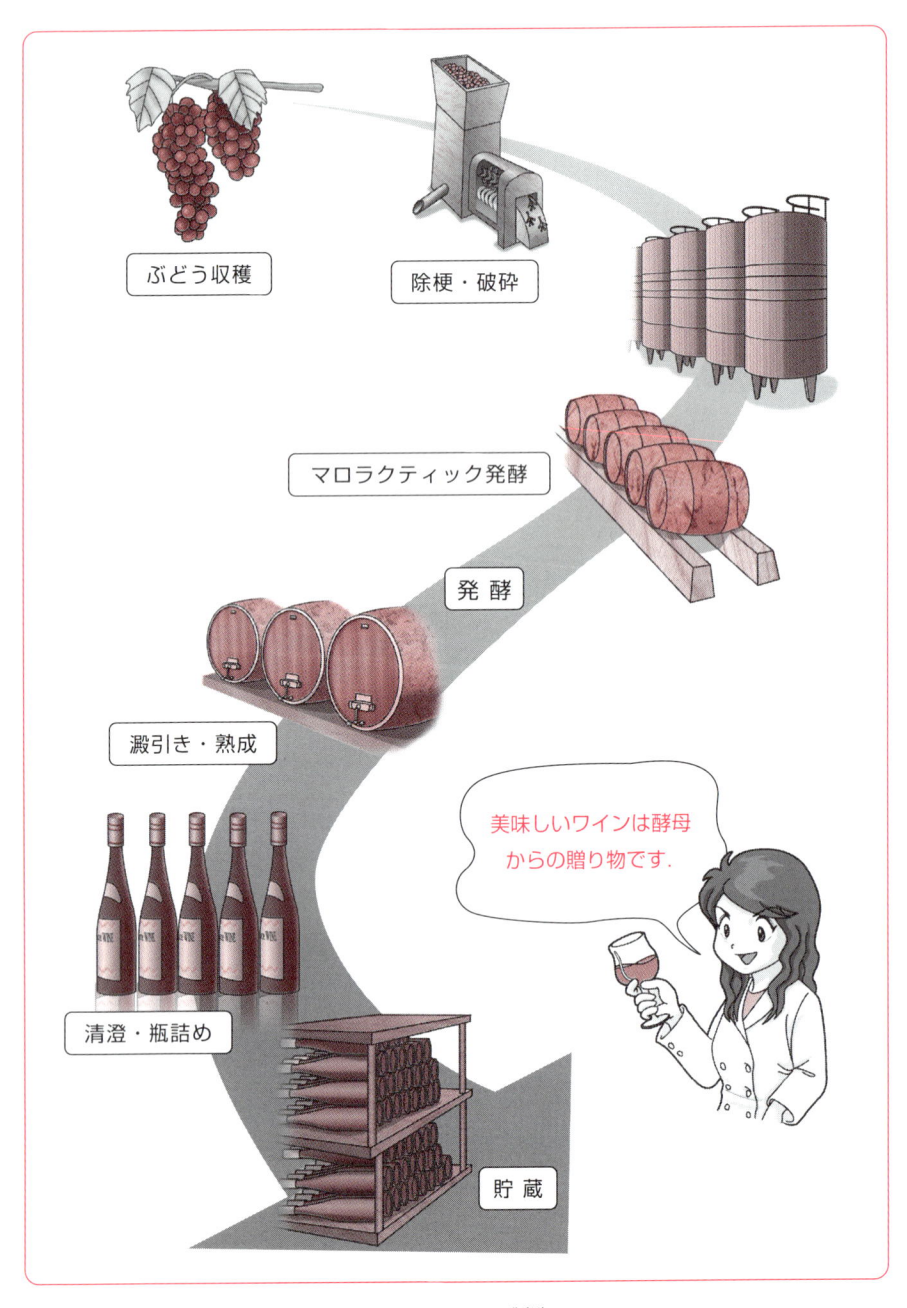

図6・8 ワイン製造

ブドウ酒は，昔から食欲増進，強壮，不眠解消，止血などの効果があるといわれている．酒石酸，クエン酸，乳酸，コハク酸などの有機酸を含んでいるがアルカリ食品である．

(3) ビール

ビールは，大麦を発芽させて麦芽によって糖化し，ホップを加えて酵母で発酵させたものであり，世界中で広く飲まれているアルコール飲料である．ビールの起源は古く，紀元前 4000〜3000 年ごろメソポタミアのシュメール人によってつくられたといわれる．当時のビールは，パンを砕いて水を加えて自然発酵させた簡単なもので，「液体のパン」と呼ばれていた．今日のようにホップの苦みや炭酸ガスが加えられたのは 8 世紀以降である（図 6・9）．現在では，原料や製法により各国独特のビールがある．

ビールは発酵法によって，**上面発酵ビール**と**下面発酵ビール**に大別される．上面発酵ビールは *Saccharomyces cerevisiae* という酵母を用いて発酵させたもので，発酵中，炭酸ガスとともに発酵液の表面に浮く性質があることからそう呼ばれる．上面発酵ビールの特徴は麦芽濃度が高く，発酵温度が 15〜20℃ と高いので，色が濃く，アルコール度の高い香味も強い濃厚なビールができる．イギリスの黒ビールのスタウトやエールがある．一方，下面発酵ビールは *Saccharomyces carlsbergensis* の酵母を用い，発酵槽の底に沈んだ状態で発酵を行う．発酵温度が 6〜12℃ の低温で行われ，切れ味がよく風味が穏やかですっきりした淡色で軽いビールができる．現在，世界で生産されている大部分のビールは下面発酵ビールで，日本，アメリカ，ドイツのビールのほとんどがこれである．

ホップはクワ科の多年性植物の雌株にできる未受精の毬花で，ビールにそう快な苦味を与えるばかりでなく，そのほかに清澄，泡立ちと泡もちをよくし，防腐の作用をする．苦味の正体は毬花にできるルプリン粒中のフムロンとルプロンの成分に由来する．

ビール製造も，最新のバイオテクノロジー技術による新しい酵母の開発に

Chapter 6 微生物の利用

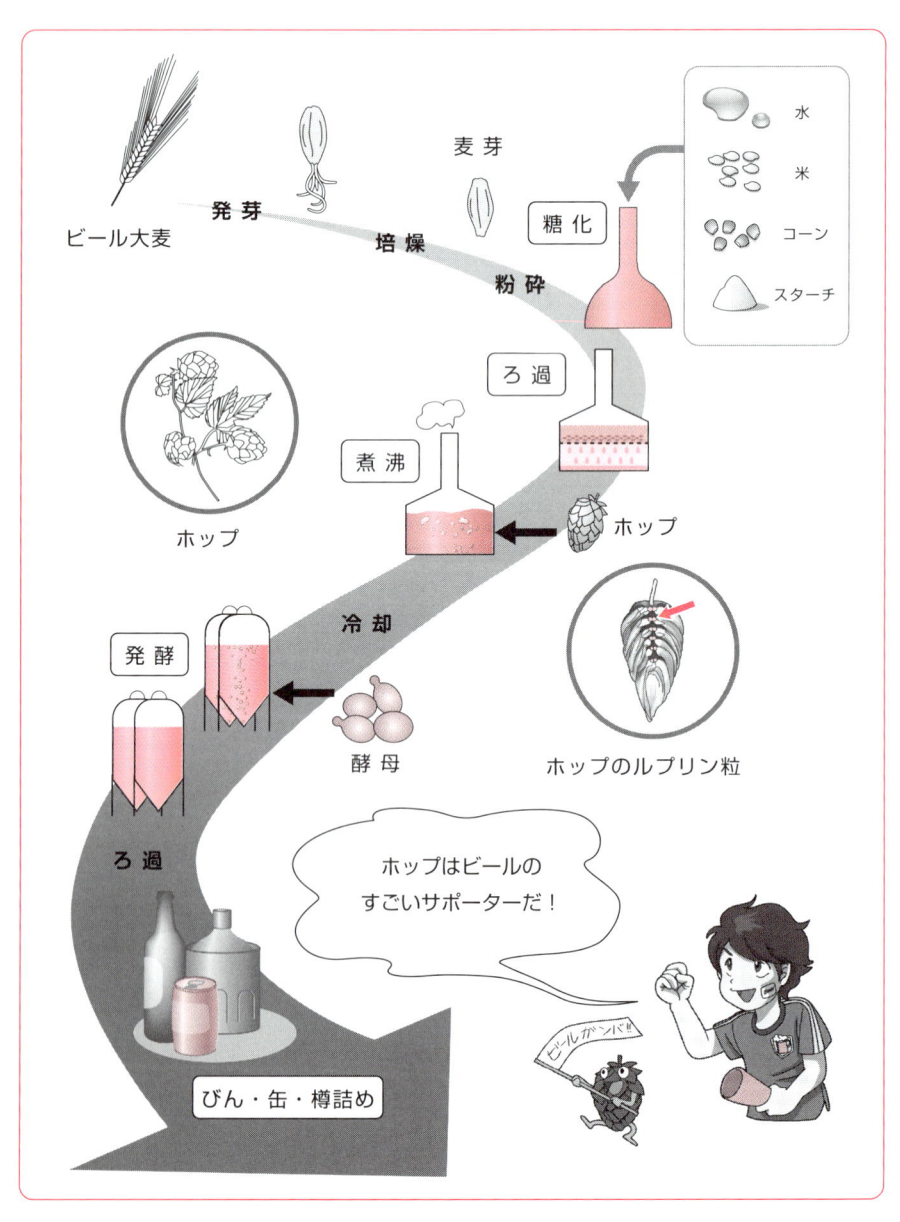

図6・9 ビールの製造工程

より，新しいタイプのビール製造や固定化酵母による連続ビール醸造などが可能になりつつある．

大豆発酵食品

(1) しょう油と味噌

400年以上の歴史を持つ日本伝来の調味料であるしょう油の主原料は，脱脂大豆と小麦と食塩である．一方，味噌の主原料は，丸大豆と米または麦と食塩である．製造に麹を使うことと長時間発酵することは，両者に共通する．しょう油の製造に使う麹は，蒸煮大豆と粉砕・焙煎した小麦を混ぜたものに麹菌を植え，25〜30℃に2〜3日間保ってつくる．麹菌は，アミラーゼ活性の強い清酒用のそれとは違い，プロテアーゼ活性の強い *Aspergillus sojae*, *A.oryzae* を用いることが多い．天然仕込みの場合は，麹に食塩水を加えたモロミを1年間発酵する．モロミの食塩濃度は18％になるから，この期間に生育する微生物は耐塩性の強い菌種である．乳酸菌 *Tetragenococcus halophilus* は乳酸を，酵母 *Saccharomyces rouxii* はアルコールを，それぞれ生成する．そのほか多くの微生物が関与してしょう油独特の香気成分が生成する．熟成モロミを圧搾して生しょう油をとり，80℃に火入して酵素を不活化してから製品にする．

味噌は国内各地でいろいろな種類が生産されている．味噌の製造に使う麹は，蒸米に麹菌（*Aspergillus oryzae*）を植えて，清酒のそれと同様につくる．これに蒸煮大豆と食塩を加えたモロミを発酵させる．発酵中は，しょう油と同様に耐塩性の細菌や酵母が働き，大豆タンパク質を分解したり香気成分を生成する．発酵期間は，食塩12〜13％の辛口味噌では6〜12か月，食塩10〜12％の甘口味噌は2〜6か月程度である．

しょう油も味噌も開放容器で発酵するので，混入してくる多くの野生酵母や細菌が風味の形成に役立っている．それらの生態にはまだ不明な点も多い．

(2) 納　豆

　納豆は，古くから日本人の健康を支えてきた大豆を利用した栄養価値の高い発酵タンパク質食品である．また，主に山間へき地でつくられていたことから冬季の保存食あるいはスタミナ食として用いられていたとも考えられる．

　納豆の製法は中国より伝来したものといわれ，我が国では大豆に納豆菌（*Bacillus natto*）を作用させた**糸引き納豆**と，麹菌と食塩を加えてつくった**寺納豆**がある．

　伝統的な納豆のつくり方は，蒸した大豆を稲藁で包み，40度程度に保温すると稲藁に付着している納豆菌が増殖し発酵が起こり，納豆ができあがる．近年では，大量生産や良質な稲藁確保の困難なこともあって，蒸煮大豆に純粋培養した納豆菌を用いる製造法が主流となっている．糸引き納豆の表面を覆っている粘質物は，納豆菌が生産するグルタミン酸のポリペプチドと，フルクトースのポリマーであるフラクタン（レバン）の2成分からなるものである（図6・10）．

　寺納豆は古くから禅寺でつくられている自家製の納豆で，糸引き納豆とは製法も発酵菌も異なる．蒸煮した大豆に麹菌を加えて大豆コウジをつくり，塩水に仕込んで1年以上も熟成させた後，豆粒を崩さないで乾燥し，ショウガなどを加えてつくる．熟成した寺納豆は独特の味と香りがあり，抹茶やお茶漬け，酒の肴のほか，よくすって納豆汁にする．

水産発酵食品

(1) カツオ節

　カツオ節は我が国の特産品で，熟成工程でカビの力を利用した魚介類の発酵食品である．古くから保存食として重宝がられ，鹿児島県，高知県，静岡県で主に製造される．

　カツオ節は，脂のあまりのっていないカツオを3枚におろした後，蒸煮し，

糸引き納豆

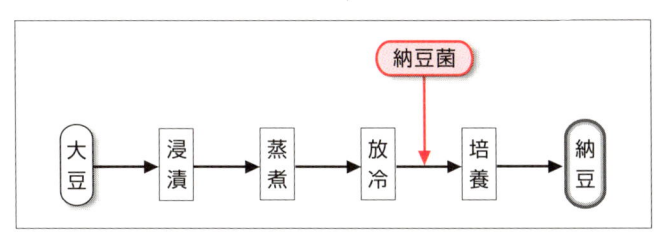

納豆の製造

大豆 → 浸漬 → 蒸煮 → 放冷 →（納豆菌）→ 培養 → 納豆

成　分	〔%〕	成　分	〔%〕
水　分	61.20	脂　肪	9.69
タンパク質	18.10	炭水化物	7.70
灰　分	2.21	繊　維	0.80

糸引き納豆の成分

$$\mathrm{NH_2-CH(COOH)-CH_2-CH_2-CO-[NH-CH(COOH)-CH_2-CH_2-CO-]_{n-2}NH-CH(COOH)-CH_2-CH_2-COOH}$$

γ-ポリグルタミン酸：(グルタミン酸)$_n$

レバン（果糖）$_n$

糸引き納豆の粘質物成分

図 6・10　納豆の製造工程

Chapter 6 微生物の利用

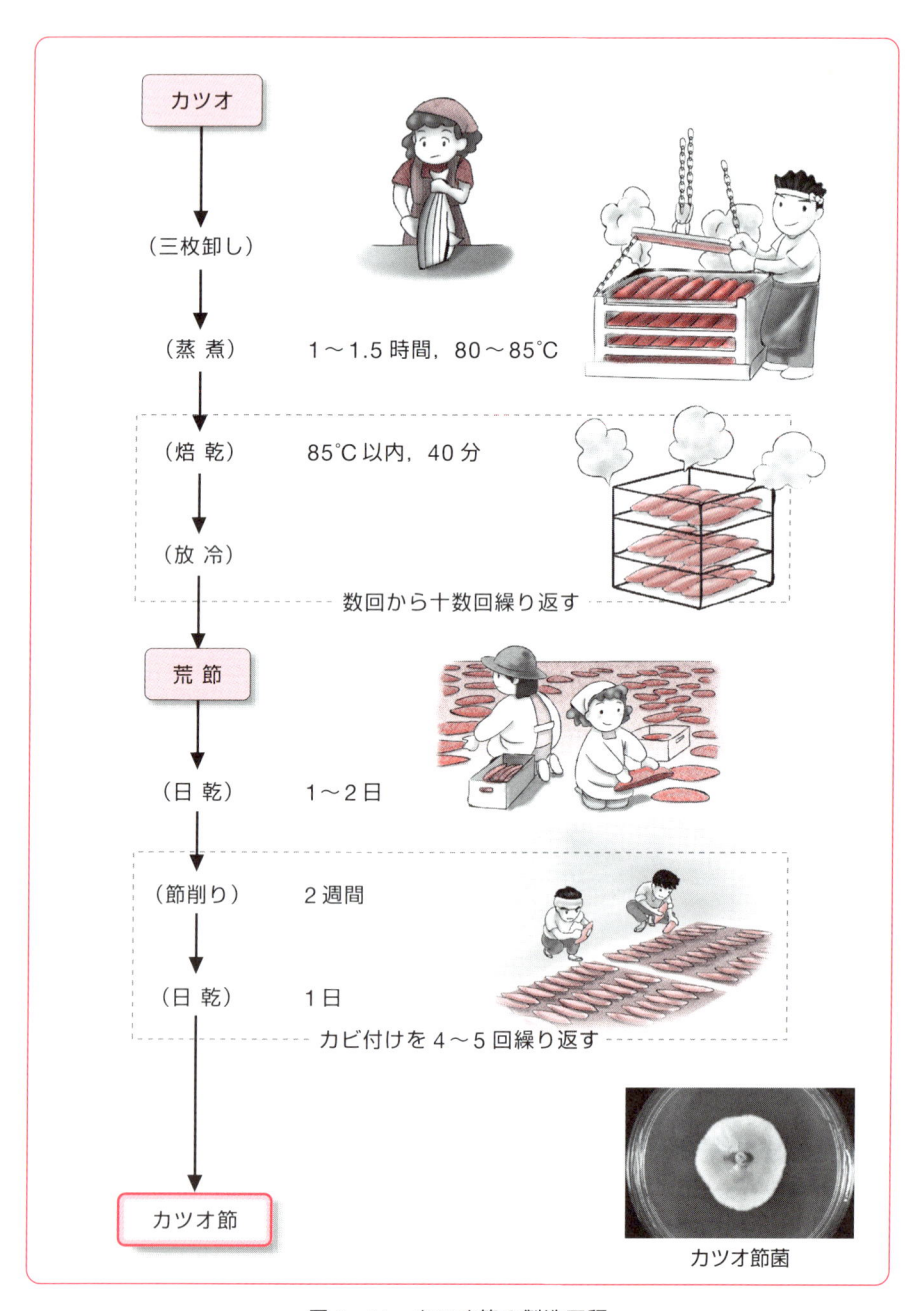

カツオ
↓
（三枚卸し）
↓
（蒸煮）　1～1.5時間，80～85℃
↓
（焙乾）　85℃以内，40分
↓
（放冷）
数回から十数回繰り返す
↓
荒節
↓
（日乾）　1～2日
↓
（節削り）　2週間
↓
（日乾）　1日
カビ付けを4～5回繰り返す
↓
カツオ節

カツオ節菌

図6・11　カツオ節の製造工程

乾燥する（なまり節）．この操作を 8 回ほど繰り返した後，表面を削り成型したのち，カビ付庫に入れカビ付けをする．1〜2 週間でカビが全面に生える．その後，1〜2 日乾燥してカビ落としを行い，再びカビ付けを行う．この工程を 4〜5 回繰り返し，完全に乾燥する（水分 18% 以下）（図 6・11）．

　カツオ節工程で最も重要な工程は，カビ付けである．カビ付けの目的は，カツオ肉の水分を表面に出させて乾燥を促進させ，余分の脂肪を分解してカツオの香味の低下を防ぎ，特有の香味および光沢を付与するなどの効果がある．カビ付けに用いられるカツオ節カビには，*Aspergillus repens* または *Aspergillus glaucus* で，タンパク質分解力は弱く，脂肪の分解力は強く，水分の少ないところでよく生育する．

　カツオ節のうま味の主成分はイノシン酸といわれ，これにグルタミン酸をはじめ各種のアミノ酸などが絡み合ってコクのある上品な味をつくっている．

乳 製 品

（1）ヨーグルト

　ヨーグルトはブルガリアのコーカサス地方で古くからつくられている発酵乳で，牛，水牛，ヤギ，ヒツジ，馬などの乳を乳酸菌によって発酵させた乳酸菌発酵食品である．19 世紀末，ロシアの医学者イリア・メチコニフによってヨーグルトが「長寿の秘訣」と紹介したことから，欧州を中心に世界中に広まった．

　ヨーグルト製造には，*Lactobacillus bulgaricus*，*Lactobacillus acidophilus*，*Streptococcus thermophilus*，*Streptococcus cremoris* などの乳酸菌が使われる．世界各国で製造されているヨーグルトは甘味料を用いていないプレーンヨーグルトが一般的であるが，我が国では脱脂粉乳や砂糖を加えたものがつくられている．

　ヨーグルトは風味がよく，消化されやすく，かつ，ヨーグルト 1 g 中には

1000万以上の生きた乳酸菌を含んでいる．これにより，腸内のウェルシュ菌（悪玉菌）などが減少し，在来乳酸菌を増殖させて腸内環境の改善などが知られている．

その他発酵食品

(1) 発酵パン

パンは原料の小麦粉に食塩と水を加えて混ぜこねた生地にパン酵母などを加え発酵させて焼き上げた食品である．

パンの起源は古代メソポタミア地方（紀元前6000～7000年ごろ）で，小麦粉を練って焼いたのが「最初のパン」（平焼きパン）といわれており，無発酵で現在のようなやわらかいものではなかった．その後，古代エジプト（紀元前2000～3000年ごろ）において，天然の酵母や乳酸菌により自然発酵したやわらかい発酵パンがつくられるようになった．パンの原料も当初の大麦からグルテンを多く含む小麦が用いられるようになり，また発酵を早めるために酵母菌が人為的に加えられるようになった．エジプトから古代ギリシャへ製法が伝えられ，古代ギリシャから古代ローマへ，その後，世界各国に伝えられ発展していった．日本には安土桃山時代にポルトガル人によって伝えられたが，一般の民衆に普及したのは明治時代になってからで，日本独自のパンとしては，木村屋総本山の発売した「あんぱん」が人気商品として知られている．

パンづくりには，小麦粉，水，塩，砂糖，油脂，乳製品などの素材が使用される．パンづくりに適している小麦粉にはタンパク含量の多い強力粉が用いられ，食塩，酵母と砂糖を加えよくこねると，グルテンが生成されて網目構造を形成し，酵母の作用による炭酸ガスが保持され，ふっくらしたパンができあがる．砂糖は，パンに甘みを与えるだけでなく酵母の栄養源としても重要で，また焼き上がりの特有の色と芳香を与える役目をしている．

油脂や乳製品はパンにコクや風味を与えおいしくする．パンの風味は，酵

母による発酵生産物(各種のアルコール,有機酸,エステル,ケトンなど)と焼き上げるときに生じるアルデヒド,ケトンなどの芳香物質による.パンは焼き上げて数時間後に老化がはじまり,味が落ちるほど微妙な食品である.この問題解決のために,発酵後ガス抜きし急速冷凍して貯蔵する冷凍パンなどが開発されている.

現在は,世界各国でさまざまな素材を利用した創意工夫されたパンづくりが行われている.

(2) 食 酢

食酢は3〜5%の酢酸を主成分とする酢性調味料で,古くから人間が利用した調味料である.文献上では,すでに紀元前5000年ごろのバビロニアの記録に残されている.我が国へは応神天皇のころ,酒の醸造技術と前後して酢の醸造技術が中国から伝えられたといわれる.一般に調味料として使われるようになったのは江戸時代以降である.

食酢は,原料および製造法により異なるが,大きく醸造酢と合成酢に分けられる.醸造酢は糖質またはデンプン質をアルコール発酵させて酢酸菌によってエチルアルコールを酸化させてつくる.我が国では米,酒粕,アルコール,麦芽など,欧米では果実類,糖蜜,果実酒などが原料として用いられる.アルコールから製造した酢をアルコール酢といい,エチルアルコールを4〜9%に希釈し,そのほかに酢酸菌が必要とする塩類や酒粕などの栄養物を加える.そして開放した仕込み桶で,28°C内外の温度で1〜3ヵ月間静置発酵させ,ろ過,火入れして製品とする.火入れ温度は65°C前後である.我が国では通気,攪拌を行う深部培養法による醸造技術が発達し,高濃度の酢酸製造(17%)が行われている.日本の食酢製造には酢酸菌として,*Acetobacter aceti*, *Acetobacter suboxydans* が使われ,果実酢には *Acetobacter orleanensis* が用いられている.

米や酒粕などを原料にするときは,これを糖化した後,アルコール発酵,酢酸発酵して酢をつくる(図6・12).

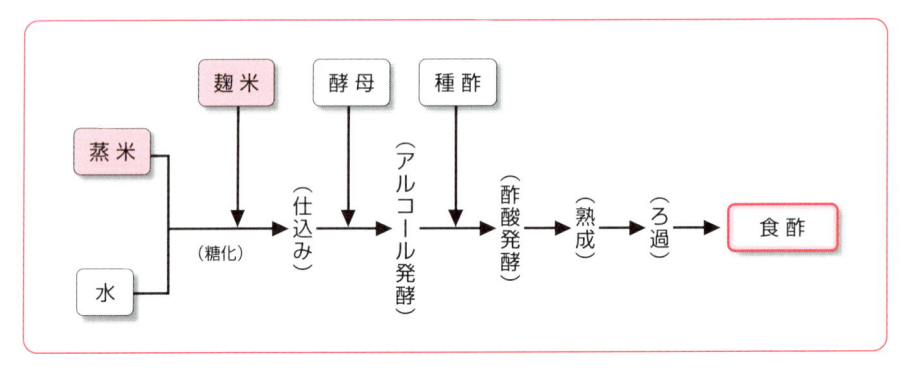

図6・12 食酢の製造工程

　合成酢は氷酢酸または酢酸の希釈液に糖質，酸味料，化学調味料，食塩などを加えたもので，JASでは酸度，無塩可溶性固形分と醸造酢の混合割合が定められている．

　近年，食酢の主成分である酢酸が高めの血圧を下げたり，血中総コレステロール値を下げるなどの生活習慣病の予防に役立つことが明らかにされ，その健康機能にも注目が集まっている．

(3) 漬　物

　野菜の貯蔵に微生物の働きを利用することは，多くの国の漬物の製造に見られる．キャベツのザウエルクラウト，キュウリのピクルス，ハクサイのキムチなどは漬物として有名である．日本でも野菜を塩や米ヌカを用いて漬物にしている．どの漬物も塩味のほかに，酸味，甘味，そして独特の香味を持っている．これらは微生物の働きによって醸し出されるものである．

　漬物製品で重要な働きをする微生物は乳酸菌である．乳酸菌は乳酸を生成するばかりでなく，コハク酸，プロピオン酸，アルデヒド，高級アルコールなども生成し，漬物に香味を与える．生成した乳酸は，そのほかの有害な微生物の増殖を抑制することにも役立っている．ヌカ漬はよくかき混ぜろといわれているが，これは空気（酸素）の供給をよくして乳酸菌の増殖を助け，同時に酸素不足になると増殖して不快臭を発する酪酸菌を抑えるためであ

る．

　漬物微生物のもう一つの主役は酵母である．漬物の香味成分である高級アルコールやエステルを生成する．漬物製造ではこれらの微生物を特に植菌しなくても，野菜に付着していたものや空気中に浮遊していたものが混入し，その漬物の環境に適応したものが増殖してくるのである．漬物材料から浸出してくる糖やアミノ酸が微生物の栄養源になり，そして香味成分の原料にもなる．イカやカツオの塩辛は，つくり方から魚の漬物ともいえるが，これらも同様に乳酸菌や酵母や細菌が働いて特有のうま味を形成する．

(4) 世界の発酵食品

　自然界の微生物による偶然の産物が，昔の人々による長年の試行錯誤と創意工夫によって多様な発酵食品として生まれ変わった．世界各地域の食材，気候風土，民族性などと関わりながら伝統的な食文化となった．牛や羊の乳を酵素で凝固させて乳酸菌やアオカビ，酵母などで発酵熟成させたチーズ，クリームを乳酸菌で発酵させたヨーロッパの発酵バター，生野菜を乳酸菌で発酵させた韓国の伝統的な発酵食品「キムチ」，魚介類を原料として発酵させてつくるしょう油の仲間であるベトナムの「ニュクマム」，タイの「ナンプラー」，フィリピンの「パティス」，インドネシアの「トラシイカン」などがある．特に珍味としてあげられるものは，内臓・肉・皮下脂肪をとったアザラシの腹中に，海燕を羽根付きのまま2～3年地中に保存して発酵させたカナディアン・イヌイットの「キャビック」，また臭さで有名なのは少量の塩で発酵させた鰊を缶詰にし，加熱殺菌をせず缶内発酵させたスウェーデンの発酵鰊缶詰「シュール・ストレミング」，さらに大豆をクモノスカビで発酵させた後，食塩や水を加えて発酵させたインドネシアの「ケチャップ」，ヤシ油原料のココナッツ中のコプラを酢酸発酵させた繊維質の「ナタ・デ・ココ」などがある．

6・3　微生物菌体の利用

酵母菌体

　無胞子酵母の *Rhodotorula gracilis* や *Cryptococcus terricolus* は，グルコースの含有培地に培養すると細胞内に油脂を蓄積する．その量は乾燥菌体重量の 60～70％ に及ぶ．酵母の油脂は植者物性油脂に近い組成を持ち，良質の食用油脂となりうる．ドイツでは，酵母から食用油脂を生産しようという試みがあった．

　細菌やカビにも乾燥菌体重の 50％ 以上の油脂を蓄積するものがある．しかし，油脂生産に実用化されたものはまだない．

　同じく無胞子酵母の *Candida utilis*，*C. lipolytica*，*C. paraffinica* および有胞子酵母の *Saccharomyces cerevisiae* などの菌体は食飼料用として使う．*C. utilis* はペントースを炭素源にして増殖できるので，亜硫酸パルプ廃液や木材糖化液を用いて大量培養する．第一次および第二次大戦下のドイツやイギリス，アメリカで食料不足を補うためにこの酵母を用いたことがある．日本でも製紙会社が飼料用として生産したことがある．最近パルプ生産方式が変更されて亜硫酸パルプの生産が激減したため，この酵母の生産は中止になった．

　代わって登場したのが，石油化学製品の一つであるノルマルパラフィンなどの炭化水素を炭素源とする酵母の大量培養である．使われる酵母は *C. lipolytica* や *C. paraffinica* である．これらの酵母菌体は"石油タンパク"と呼ばれ，石油資源からのタンパク質生産法として日本をはじめ世界の各国で精力的に研究が進められ，ソ連，ルーマニア，イタリアで工業規模で生産したことがある．微生物培養の炭素源を従来の炭水化物から石油系の炭化水素へ変換するきっかけとなった石油タンパク生産は，さらに安価な原料であ

るメタノールも炭素源とするようになった．メタノールを炭素源にして増殖できる酵母は日本で発見された．

パン酵母またはアルコール酵母として広く利用されている *Saccharomyces cerevisiae* は糖蜜培地での大量培養から，あるいはビール醸造の際に増殖したものから菌体を回収する．乾燥菌体は数ヵ月生存しており，パン製造や整腸剤などに使用する．また，酵母エキスは，酵母を原料としてつくられ，さまざまな調味料・食品添加物として利用されている．核酸成分 RNA は呈味性ヌクレオチドの原料になることはすでに述べたとおりである．

● 藻　　類 ●

真核微生物に属する藻類のクロレラ，セネデスムスや原核微生物に属する藻類のスピルリナは，光合成能を持ち太陽光をエネルギー源にして増殖する．*Chlorella ellipsoidea*, *C.pyrenoidosa* および *Scenedesmus obliques* は，直径 5〜15 μm の球形または卵形の単細胞または 4 連細胞の藻類で（図 6・13），CO_2 を炭素源とし光エネルギーを利用して培養する．増殖速度，光エネルギー利用効率，単位面積当たりのタンパク質生産量は，一般の栽培植物はもとより豆類にもまさる．日本では太陽光線の強い沖縄地方で培養している．

Spirulina platensis は長さ 200〜500 μm のらせん状細胞の藍藻（シアノバクテリア）である（図 6・13）．炭酸イオンや重炭酸イオンを含む比較的高い塩濃度とアルカリ性の環境でよく生育する．北アフリカ・チャド湖付近の原住民が古来食用に供していたのを，1962 年フランス人によってはじめて分離され人工培養された．天然の生育環境と強い太陽光に恵まれたメキシコシティに近い Texcoco 湖でも大量に生育している．日本では沖縄・宮古島で培養している．クロレラは固い細胞壁に包まれて消化性がわるいのに対して，スピルリナのそれは柔らかく消化性に優れていることで注目された．

クロレラ，スピルリナはビタミン，ミネラル，良質タンパク質に富み，低カロリー健康食品や養魚飼料に使われる．

Chapter 6 微生物の利用

Spirulina 属
（スピルリナ）

Anabaena 属
（アナベナ）

Chlorella 属
（クロレラ）

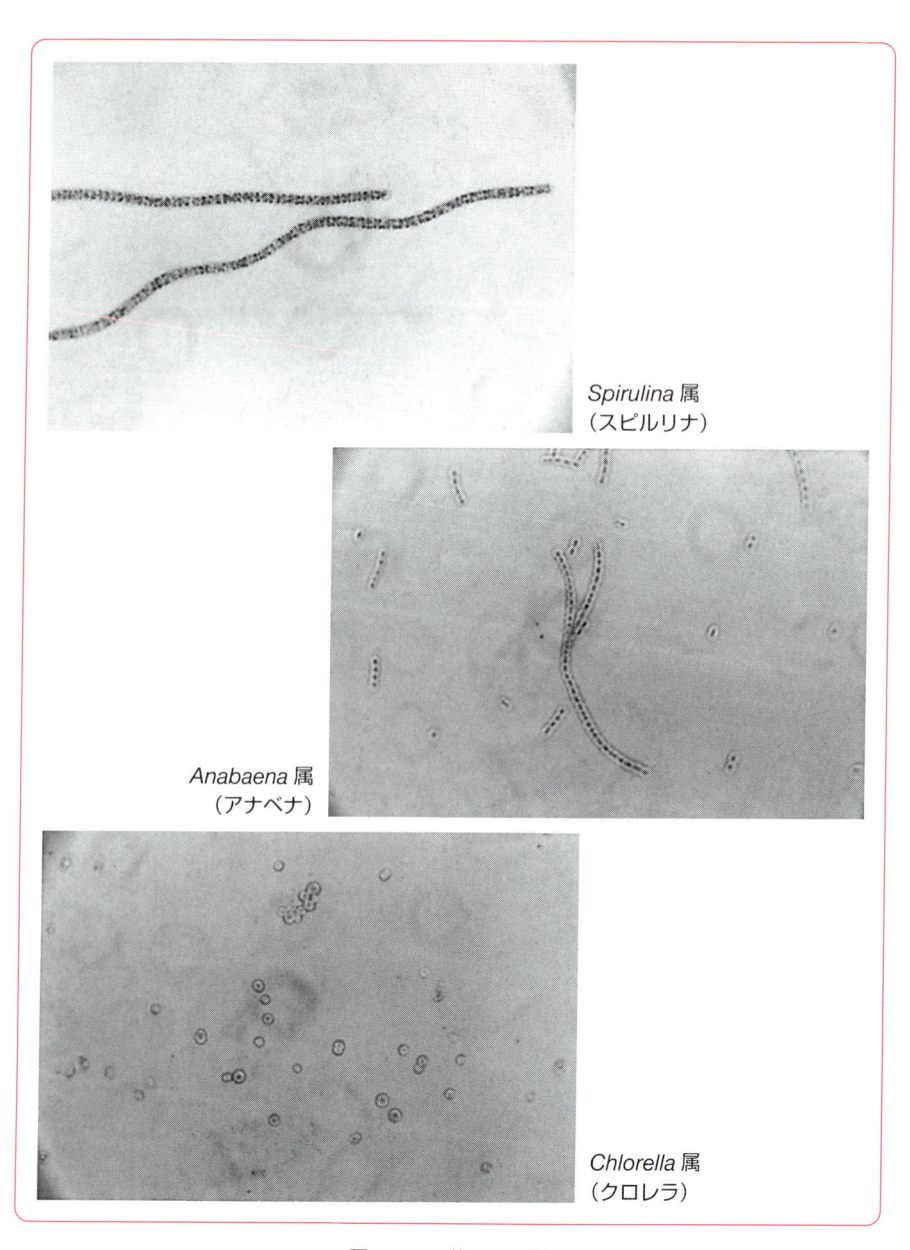

図 6・13 藻　　類

SCP

　地球上の可耕地面積や食糧生産量と人口増加に関する統計は，食糧の不足を示しており，現在なんらかの形で栄養障害を持つ人は世界で 10 億人といわれる．これは 5 人に 1 人の割合になる．食糧不足は主としてタンパク質不足として表れているが，これを補う一つの方法として SCP が考慮されている．

　SCP（single cell protein）とは，国連タンパク諮問委員会の定義（1970年）によると，単細胞または簡単な構造の多細胞生物の生体タンパク質を意味し，具体的には酵母，細菌，カビ，藻類および原虫類をいう．通常"微生物タンパク"ともいう．微生物タンパクの生産は，増殖速度，所要面積などの点で植物や動物によるタンパク生産より優れている．しかし，原料や装置設備に多大の投資が必要である．

　SCP 生産コストに大きな割合を占める原料（培養基質）には，人類の食糧と競合せず，その上，安価な農産廃棄物や石油系炭化水素およびメタノールなどが使われ，ソ連，ルーマニア，イタリア，東ドイツでノルマルパラフィンから酵母菌体を生産したことがある．イギリス（ICI 社）はメタノールから細菌菌体（*Methylophilus methylotrophus*）を生産し，"プルティーン"の名で商品化した．日本でも新潟県内の化学会社でメタノール細菌による SCP 生産を研究していた．メタノールは天然ガスから大量安価につくられ，今後の SCP 生産の有力な原料と考えられる．

　カビ類も SCP の研究対象になっているが，現在のところ有力な菌種や生産例はない．担子菌類に属するカビはキノコとしてすでに食用に供してきているが，そのうちシイタケ，ナメコ，エノキダケ，キクラゲなど，ほとんどが人工栽培に移行している．

　SCP の食飼料としての価値は，その栄養成分の組成によって決まる．表 6・1 に酵母，細菌，クロレラ，キノコのタンパク質のアミノ酸組成を示す．

表6・1 SCPの必須アミノ酸組成

アミノ酸	FAO基準タンパク質	メタノール細菌	亜硫酸パルプ廃液酵母	クロレラ	シイタケ
Ile	4.2	5.0	4.3	5.3	4.8
Leu	4.8	7.5	6.9	8.7	7.7
Phe	2.8	4.8	4.6	5.4	4.4
Thr	2.8	5.0	3.8	4.3	4.5
Trp	1.4	1.5	1.1	1.0	—
Val	4.2	6.0	5.7	5.7	6.2
Lys	4.2	7.5	6.2	6.1	7.9
Met	2.2	1.8	1.1	0.5	—

メチオニンが不足していることを除けば，SCPのアミノ酸バランスはよい．飼料用のSCPはメチオニンを添加して用いる．このほかにビタミンや無機塩を含み，SCPの栄養価を高めている．

6・4　環境修復

廃水処理

　都市から出る廃水をそのまま河川や湖沼や海に放流すると，有機物や浮遊物質などにより水質汚染の原因となる．そのために廃水中の汚染物質を除去する廃水処理技術が開発されている．廃水処理技術には物理化学的処理法と生物処理法がある．物理化学的処理法は，主に廃水中の浮遊物質や無機物の除去に，生物処理法は，微生物の代謝反応を利用して，主に廃水中の有機物を除くのに利用されている．生物処理法として，**活性汚泥法**（好気性処理法）と**生物膜法**などがある．活性汚泥法は，現在ほとんどの下水処理場で用いら

6・4 環境修復

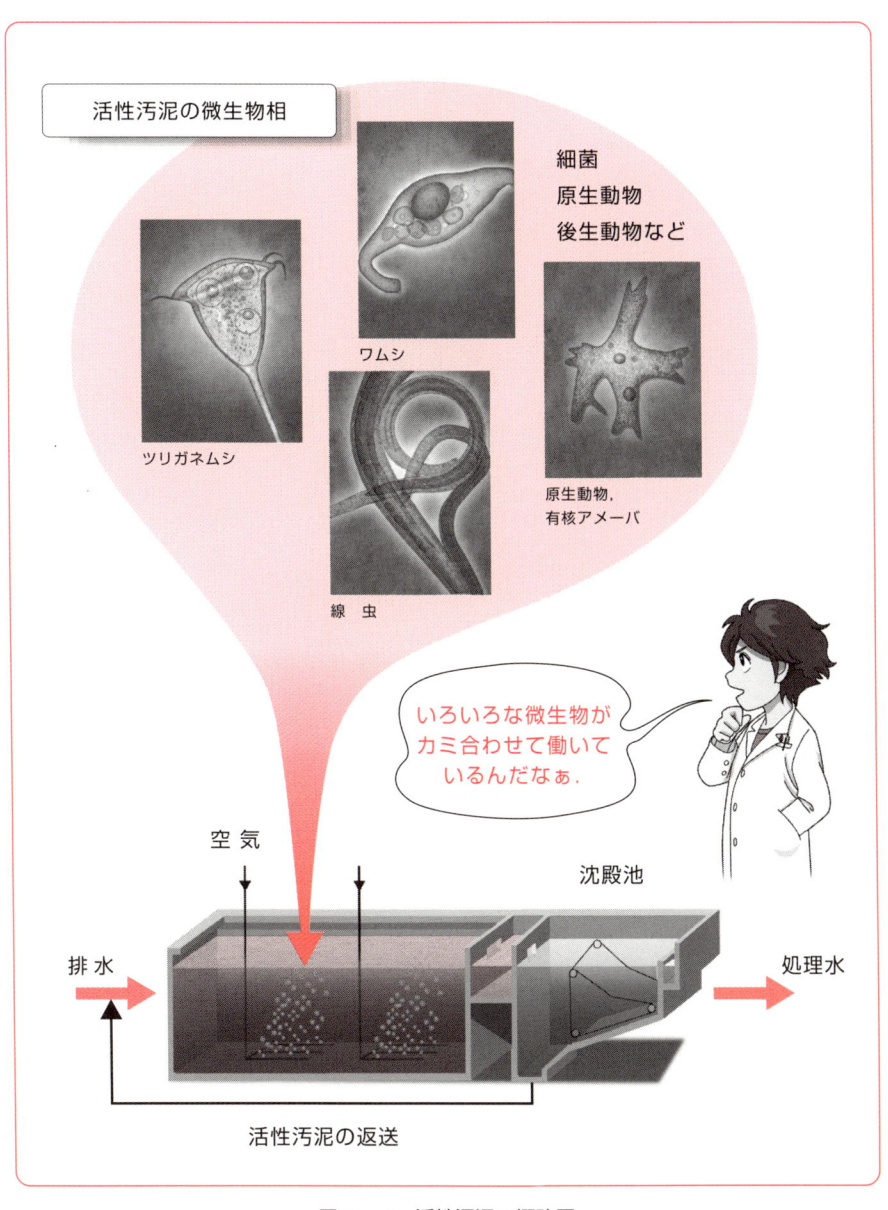

図6・14 活性汚泥の概略図

れている．下水槽に空気を吹き込むと，細菌や微小動物（原生動物，後生動物など）がフロック状に自然繁殖する．このフロック状の微小生物集合体が活性汚泥である（図6・14）．フロック形成菌としては，*Zoogloea ramigeraga* をはじめ，*Pseudomonas*，*Alcaligenes*，*Bacillus*，*Flavobacterium* などの多種の細菌がフロックを形成して有機物の分解，浮遊成分や重金属などの吸着除去を行っている．活性汚泥混合液中1ml中に10^7〜10^8 cells の微生物がいる．処理設備は活性汚泥を保持した曝気槽と活性汚泥を沈降させ処理水を得る沈殿池から構成されている．

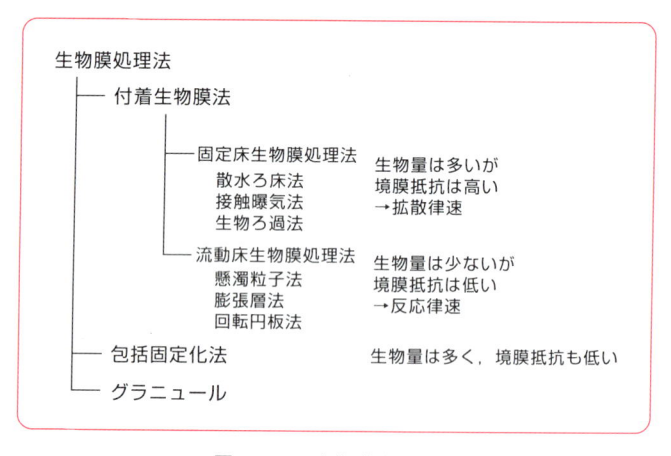

図6・15　生物膜法の分類

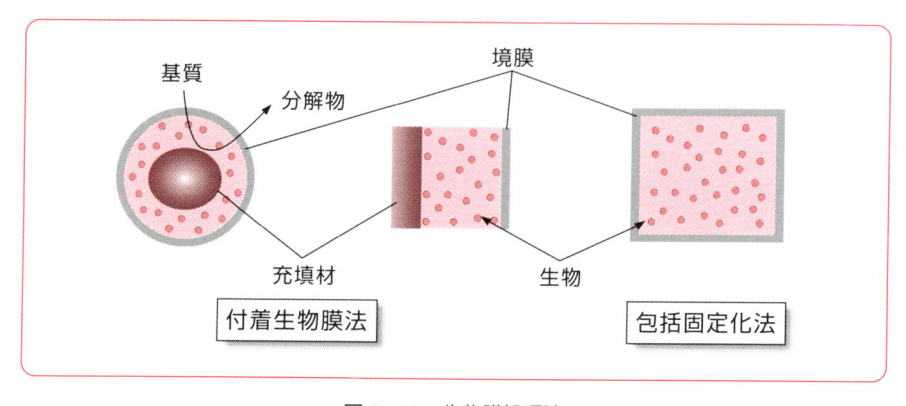

図6・16　生物膜処理法

表 6・2 微生物相の比較

微生物の種類		活性汚泥	生物膜
細菌		＋＋＋＋	＋＋＋＋
菌類		＋	＋
藻類		＋	＋
原生動物	鞭毛虫類（ボドーなど）	＋	＋＋＋
	肉質虫類（アルセラなど）	＋	＋＋＋
	繊毛虫類（ツリガネムシなど）	＋＋	＋＋＋
後生動物	ワムシ類	＋	＋＋＋
	線虫類	＋	＋＋
	貧毛類	＋	＋＋

注）＋は相対的な生息数の多さを表す．

　生物膜法は，バイオフィルムを用いた浄化方法である（図 6・15）．生物膜法の歴史は古く，19 世紀には英国で石材の充填材表面にバイオフィルムを形成させた下水処理が行われていた．日本でも昭和 50 年代ごろからハニカム充填材や波板状や網目上に成型したプラスチック充填材を用いた高速処理型の生物膜法が採用された．その後，ゲルの内部に菌を包括固定する**包括固定化法**が採用され，拡販されている（図 6・16）．これらの生物膜法は増殖速度の遅い菌を保持するのに有用な手段で，微生物相が多様であり，窒素除去に必要な硝化細菌の保持にも用いられている．活性汚泥法と生物膜法の微生物相の比較表を**表 6・2**に示した．

● バイオレメディエーション ●

　微生物の多用な分解機能と代謝反応を活用して，さまざまな化学物質で汚染された地球環境を浄化することを**バイオレメディエーション**（生物的環境

修復）という．日常生活や産業活動から排出されるさまざまな廃棄物による地球環境の汚染と健康被害が問題となっている．各種の廃棄化学物質を分解する機能を有する微生物を用いてその場で分解処理する技術である（表6・3）．

土壌や地下水を汚染する有機塩素化合物（トリクロロエチレンなど），海

表6・3　バイオレメディエーション技術の活用

汚染対象物質		活用場所			
		土壌	水域	大気	廃水処理
重金属（蓄積・分解）	Hg^{2+}	微生物		微生物	微生物
	Cd^{2+}, Pb^{2+}	植物	植物		微生物
	Cr^{6+}	微生物	植物		微生物
有害化学物質	PCB	微生物	微生物		微生物
	トリクロロエチレン	微生物	微生物		微生物
	テトラクロロエチレン	微生物	微生物		微生物
	農薬	微生物	植物		微生物
	ダイオキシン	微生物		植物	
	環境ホルモン	微生物	微生物	植物	微生物
	NOx, SOx			植物	
有機汚染物質	窒素化合物	微生物	微生物		微生物
			植物		
	リン化合物		植物		微生物
	原油，油製品	微生物	微生物		微生物

微生物は環境修復のプロフェッショナルである！

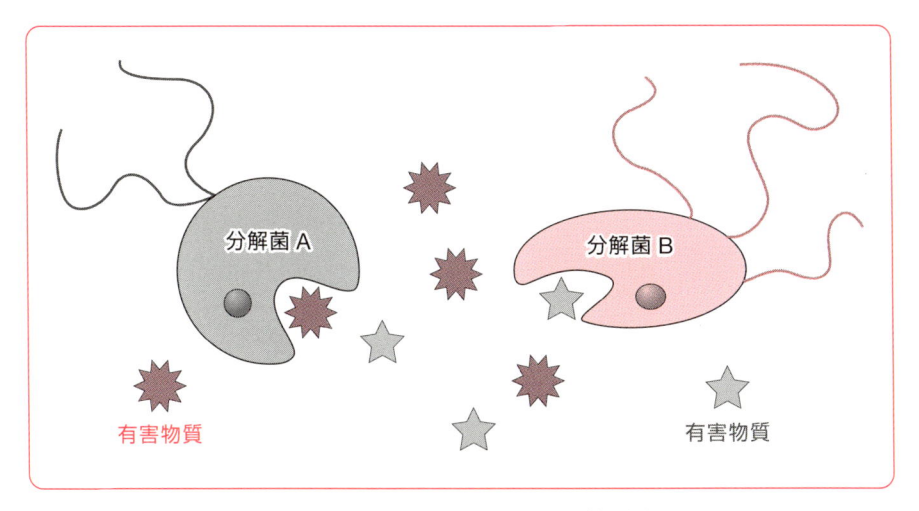

図 6・17　微生物による有害汚染物質の分解

洋を汚染する原油の流出，地球温暖化の一因となる炭酸ガスの固定化，ダイオキシンや各種農薬などによる土壌汚染，カドミウムによる工場跡地汚染など，さまざま場面で微生物の浄化能力が応用できる．特に，有機塩素化合物は，いったん汚染されると自然浄化には 20〜50 年近い長い時間を要し，神経障害や肝障害を引き起こしたり，発癌性も懸念されることから早急の無害化が望まれている．これまでにも微生物は廃液排水処理などに利用されてきたが，さらに広大な地域を対象とする環境浄化の技術が必要になってきている（図 6・17）．

　関心を集めている環境修復の対象の一つに，海上輸送中のタンカー事故による流出原油の処理がある．原油中の低沸点油分は蒸発消失するが，高沸点油分は海面に拡散し沿岸に漂着し生物生態系に影響を及ぼす，それを防ぐために石油分解能のある微生物（細菌，酵母）を散布して分解除去する技術の研究開発が進められている（図 6・18）．微生物とともに不足する栄養分を同時に補給したり，拡散希釈を制御する方法により分解促進を図ることも行われている．

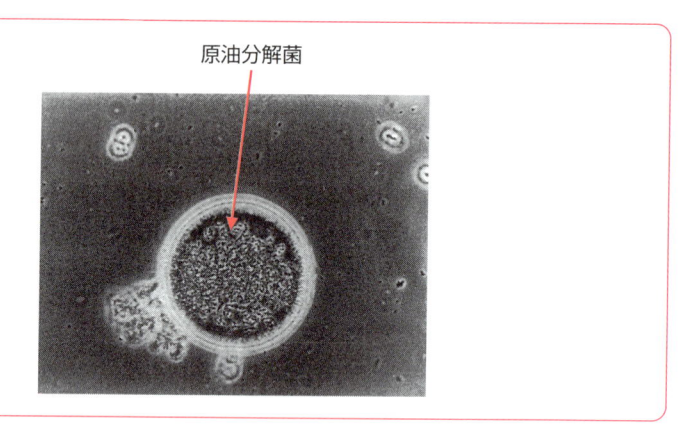

図 6・18　原油油分に集まる原油分解菌
(写真提供：海洋研究開発機構)

　さらに，現在有機塩素化合物による土壌汚染の浄化や重金属や有害汚濁物質の除去に関して分解微生物（*Pseudomonas* 属菌，*Methylosystis* 属菌，*Enterobacter* 属菌など），重金属除去植物（アブラナ科植物など）の応用が検討されている．

　今後，さまざまな汚染対象物質に対して，微生物や植物の浄化機能を利用したバイオレメディエーション技術の活用が期待されている．

Chapter 7

バイオテクノロジー

7・1 酵素の種類と作用

酵素の分類

1897年ドイツの**ブフナー兄弟**（Eduard Buchner；1860〜1917年, Hans Buchner；1850〜1902年）は，ビール酵母を珪砂ですりつぶしてショ糖を加えたところ，生きている酵母がいないのにエタノールが生成していることを発見した．ここから，生体内の化学反応を触媒する「酵素」という概念が生まれた．**酵素**（enzyme）という言葉は，ギリシャ語で"酵母の中"を意味する．

酵素は，自分自身は変化せずに基質分子を次々に変化させてゆく，**触媒**作用を持つタンパク質である．一つ一つの化学反応はそれぞれ専用の酵素が触媒するので，非常に多くの種類の酵素が必要であり，生物は通常1000種類以上の酵素を使い分けている．そこで，国際生化学連合（IUPAC）は酵

表7・1 酵素の分類

酵素の分類	酵素の例
EC1：酸化還元酵素	コハク酸デヒドロゲナーゼ，カタラーゼ
EC2：転移酵素	アミノトランスフェラーゼ，プロテインキナーゼ
EC3：加水分解酵素	アミラーゼ，プロテアーゼ，セルラーゼ，リパーゼ，RNase
EC4：脱離酵素	ピルビン酸デカルボキシラーゼ
EC5：異性化酵素	マレイン酸イソメラーゼ
EC6：合成酵素	クエン酸シンターゼ，DNAポリメラーゼ，RNAポリメラーゼ

素を反応型により 6 グループに分類し，それぞれ EC 番号を付けて慣用名の他に系統名を定めている（**表 7・1**）．酵素の名称には，多くの場合，語尾に「食べるもの」を意味するアーゼ（-ase）という言葉がつく．

● **EC1：酸化還元酵素（図 7・1）**

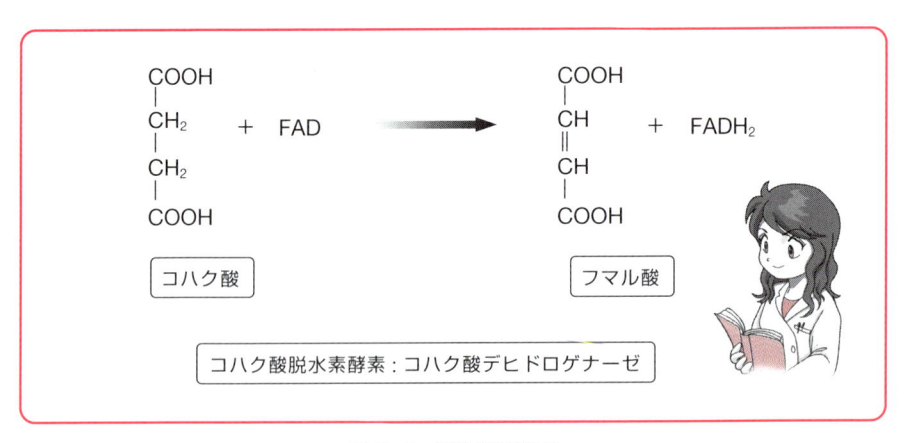

　酸化還元反応を触媒する酵素であり，H 原子や電子の授受，O 原子の添加などの反応に関与する．コハク酸脱水素酵素（コハク酸デヒドロゲナーゼ）は，コハク酸から H 原子 2 個を奪うことによって酸化し，フマル酸を生成する．酸化反応は還元反応と共役して起こるので，奪った H 原子を受け渡す補酵素（この場合は FAD）が必要である．

　このほかに，触媒する酸化還元反応により，還元酵素（レダクターゼ），酸化酵素（オキシダーゼ），酸素化酵素（オキシゲナーゼ），過酸化酵素（ペ

$$\begin{array}{c} COOH \\ | \\ CH_2 \\ | \\ CH_2 \\ | \\ COOH \end{array} + FAD \longrightarrow \begin{array}{c} COOH \\ | \\ CH \\ || \\ CH \\ | \\ COOH \end{array} + FADH_2$$

コハク酸　　　　　　　　フマル酸

コハク酸脱水素酵素：コハク酸デヒドロゲナーゼ

図 7・1　酸化還元酵素

ルオキシダーゼ）などの語尾を持つ酵素がある．

● **EC2：転移酵素（図 7・2）**

　メチル基，アミノ基，リン酸基などの官能基を基質分子に転移する反応を触媒する．アミノ酸は，2-オキソ酸にアミノ基を転移することによって生成する．アミノトランスフェラーゼによってオキサロ酢酸にアミノ基が転移

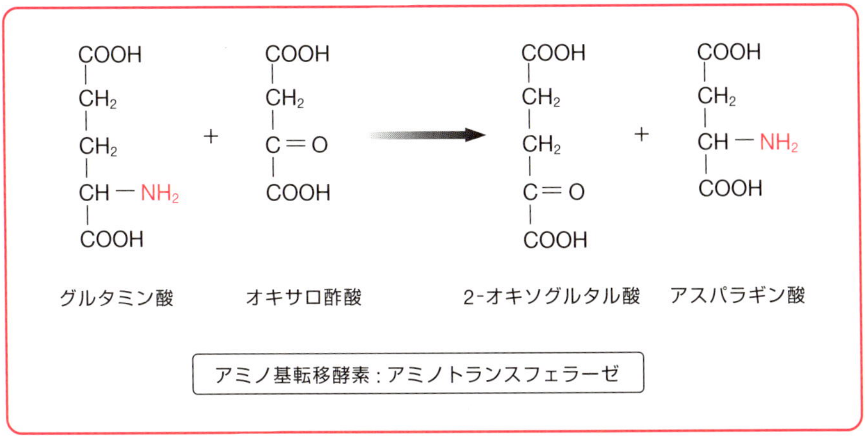

```
COOH              COOH              COOH              COOH
 |                 |                 |                 |
CH₂               CH₂               CH₂               CH₂
 |         +       |          →      |         +       |
CH₂               C=O               CH₂               CH-NH₂
 |                 |                 |                 |
CH-NH₂            COOH              C=O               COOH
 |                                   |
COOH                                COOH

グルタミン酸       オキサロ酢酸       2-オキソグルタル酸   アスパラギン酸

         アミノ基転移酵素：アミノトランスフェラーゼ
```

図 7・2　転 移 酵 素

されるとアスパラギン酸が生成する．転移酵素は一般にトランスフェラーゼと呼ばれるが，リン酸基を転移する酵素は特に**キナーゼ**と呼ばれ，プロテインキナーゼやヘキソキナーゼはそれぞれタンパク質やグルコースにリン酸基を付加する．

● EC3：加水分解酵素（図 7・3）

　水 1 分子が反応して結合が開裂する加水分解反応を触媒する酵素である．デンプンやセルロースのグリコシル結合，タンパク質のペプチド結合，脂肪のエステル結合，DNA のヌクレオチド結合などを加水分解する酵素が含まれる．インベルターゼは，スクロース（ショ糖）をグルコース（ブドウ糖）とフルクトース（果糖）に加水分解する．グルコースが多数連結した多糖であるデンプンは，β-アミラーゼにより二糖であるマルトース（麦芽糖）に分解され，つぎにグルコシダーゼにより単糖のグルコースに分解される．タンパク質を分解する酵素には，特定のアミノ酸配列を切断するものが多く，パパイン，ペプシン，トリプシン，キモトリプシンなどの消化酵素をはじめ，数多く知られている．加水分解酵素は，デンプンやタンパク質の分解などの目的で工業的に最も多く利用されている．

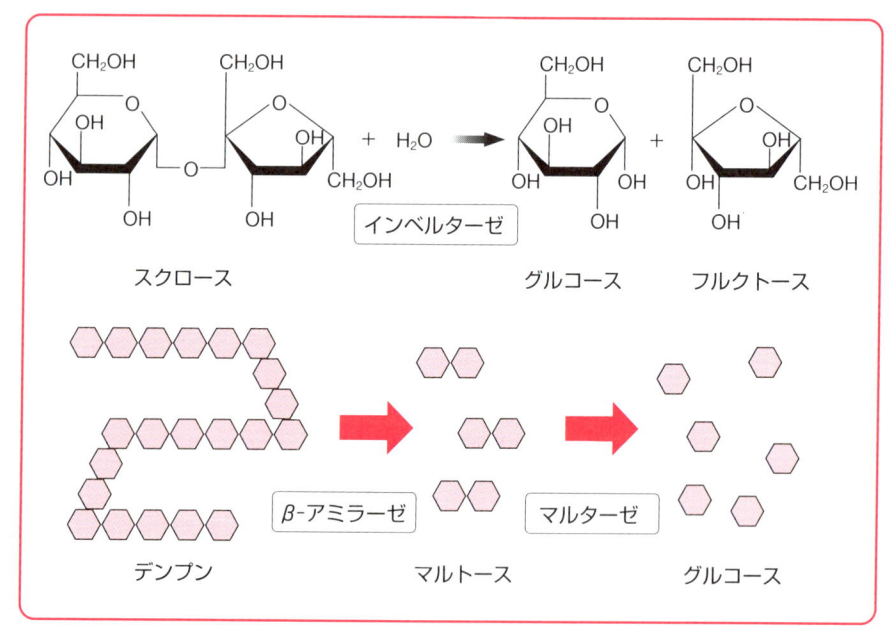

図 7・3 加水分解酵素

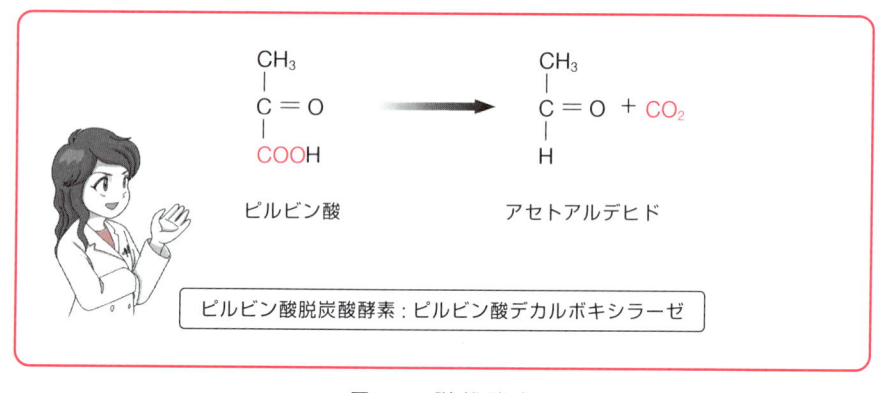

図 7・4 脱 離 酵 素

● EC4：脱離酵素（図 7・4）

　水分子が関与せずに，特定の結合を切断する酵素である．反応により，カルボキシル基，アミノ基，水酸基などの官能基が分解する場合が多い．ピル

ビン酸脱炭酸酵素は，ピルビン酸のカルボキシル基を分解して二酸化炭素を脱離し，アセトアルデヒドを生成する反応を触媒する．

● EC5：異性化酵素（図7・5）

有機物質の分子内に構造変換（ラセミ化，エピメル化，分子内転移など）を起こす反応を触媒する．多くは「イソメラーゼ」の語尾を有する．マレイン酸イソメラーゼは，2重結合の炭素原子に対して2個のカルボキシル基がcis位にあるマレイン酸を，trans位に構造変化してフマル酸を生成する．

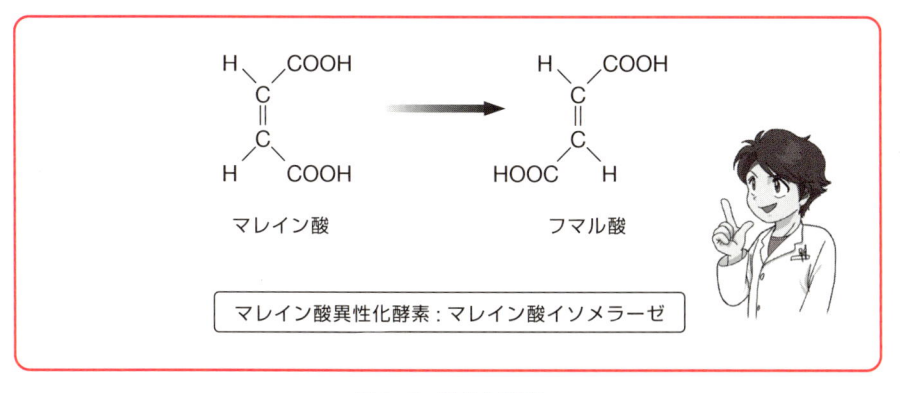

図7・5 異性化酵素

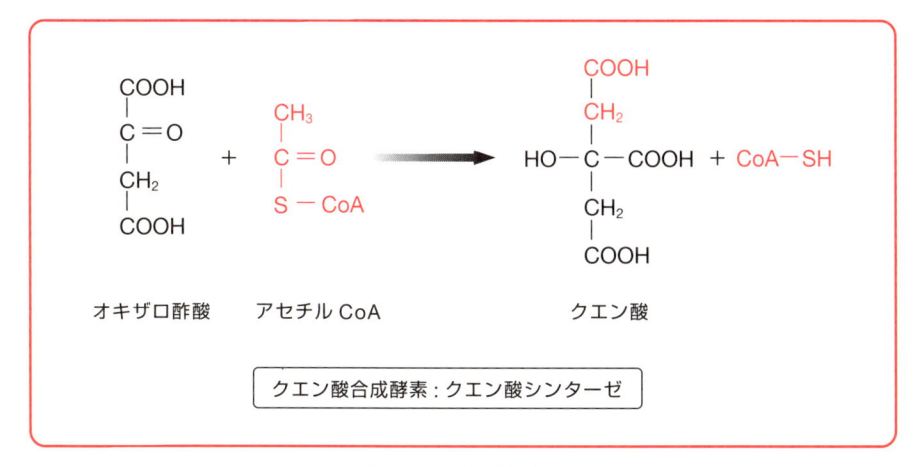

図7・6 合成酵素

● EC6:合成酵素(図7・6)

二つの分子を結合し,新たな分子を合成する反応を触媒する酵素.反応にATPのエネルギーを必要とする酵素が多い.「シンテターゼ」または「シンターゼ」語尾を有する場合が多い.クエン酸合成酵素は,オキザロ酢酸にアセチル基を結合してクエン酸を生成する.

ヌクレオチドなどのモノマー(単量体)を連結してポリマー(多量体)を生成する酵素を特に**ポリメラーゼ**と呼ぶ.DNAポリメラーゼやRNAポリメラーゼは生体内の核酸代謝に重要な役割を果たしている.

酵素の構造と作用

酵素は化学反応を触媒するタンパク質であり,二酸化マンガンなどの無機触媒に対して生体触媒と呼ばれる.化学反応を進行させるためには,反応の中間体である遷移状態にするために,**活性化エネルギー**が必要である.スクロースがグルコースとフルクトースに加水分解するときの活性化エネルギー

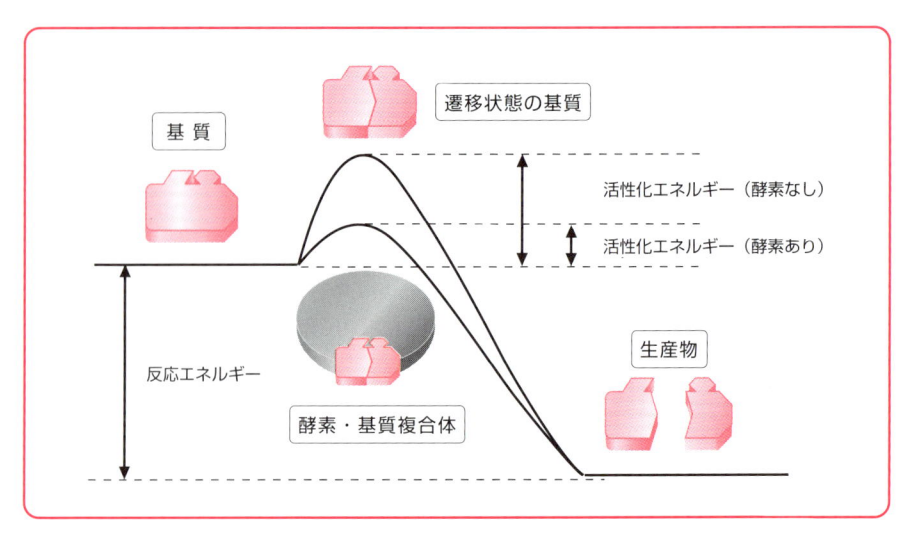

図7・7 酵素反応と活性化エネルギー

は，26.0 kcal/mol である（図7・7）．インベルターゼが存在すると，加水分解の活性化エネルギーは 12.0 kcal/mol に低下する．その結果，常温，常圧，中性付近の pH という温和な条件における化学反応の速度が 1 000 000 倍以上に加速される．

　酵素により進行する反応は，基質の持つエネルギーが生産物のエネルギーよりも大きく，反応によって発熱する反応である．ほとんどの加水分解反応は発熱反応なので自動的に進行する．その反対に，合成反応はほとんどがエネルギーを必要とする反応なので自動的には進行しない．合成反応の多くは，ATP の加水分解などの大量のエネルギーを放出する反応が一緒に起こるときだけ進行する．

　酵素が触媒する化学反応で，触媒作用を受ける化合物を**基質**（substrate）といい，反応の結果生じる化合物を**生産物**（product）という．酵素が作用する基質は厳密に決まっており，インベルターゼは基質であるスクロースだけを分解し，よく似た構造を持つマルトースやラクトースは分解しない．このような性質を酵素の**基質特異性**という．酵素が基質特異性を示すのは，酵

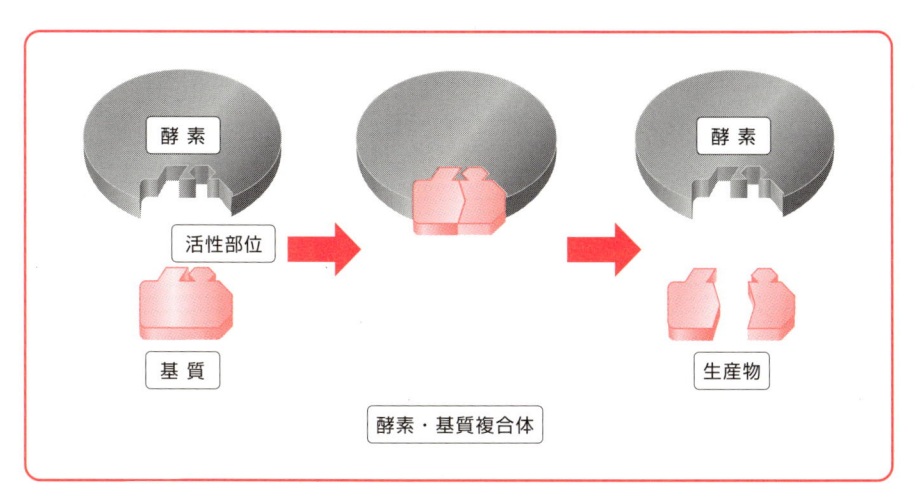

図7・8　酵素の構造と作用

素の触媒作用にあずかる部位（**活性部位**）の立体構造と，基質の立体構造が鍵と鍵穴のようにピタリと合う形をしているからである（図7・8）.

　酵素反応の第1段階では，基質が酵素の活性部位に結合して，酵素-基質複合体を形成する．酵素の作用により，生産物ができると，生産物は酵素から離れる．このとき，反応の前後で酵素の立体構造は変化しないので，酵素は多くの基質分子と繰り返し結合して，反応を進めることができる．

酵素の反応条件

　生物が生産する酵素は，生物が生活する環境である20〜40℃の温度，中性付近のpHの水環境の中でよく働く．酵素の活性は，立体構造と活性部位付近のアミノ酸側鎖の電荷によって得られるので，反応条件によって大きく活性が変動する．

　一般に，無機触媒による化学反応では温度が高くなるほど反応速度は大きくなる．酵素反応も温度が高くなると反応速度が大きくなるが，ある温度で最高速度に達する（最適温度）（図7・9）．さらに，温度が高くなって分子の振動が激しくなると，水素結合が切断されて立体構造を保てなくなり，酵素は変性して活性を失う．哺乳動物の持つ酵素の多くは，体温に近い40℃付近が最適温度である．しかし，沸騰泉などの高温で生育する微生物などは，最適温度が70℃以上の酵素を生産している．

　反応液のpHも酵素の反応速度に大きな影響を与える．酵素反応速度が最大に達するpHを，その酵素の最適pHという．中性付近が最適pHである酵素が多いが，環境によりさまざまな最適pHを持つものが存在する．唾液に含まれるアミラーゼの最適pHはpH7付近であるが，胃液に含まれるペプシンはpH2が最適pHであり，胃液が胆汁によって中和された後に作用するトリプシンの最適pHはpH8付近である．アルカリ性環境に生育する好アルカリ *Bacillus* 菌は，pH10付近が最適pHとなるアミラーゼを生産している．

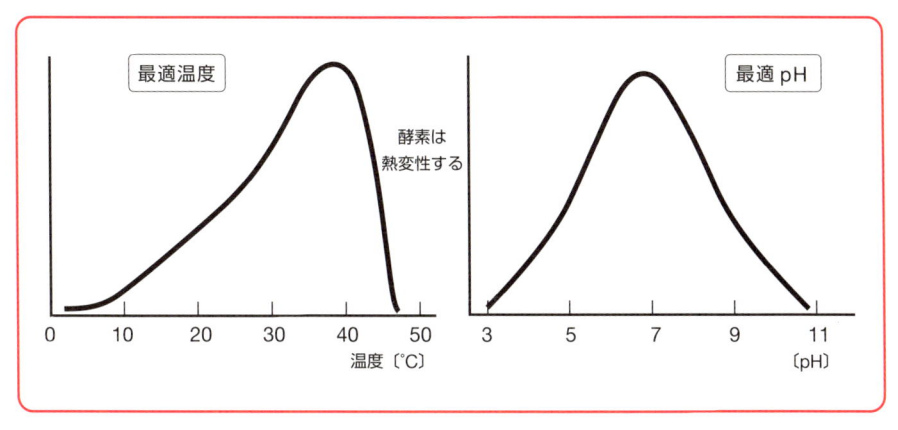

図7・9　酵素の反応速度と反応条件

　酵素の中には，**補酵素**と呼ばれる非タンパク質性の有機分子を反応に必要とするものがある．酸化還元酵素の多くは，基質分子とやり取りするH原子や電子e^-を受け取る補酵素を必要とする．このような補酵素は自らも酸化還元されるので，NADH ⟷ NAD^+，NADPH ⟷ $NADP^+$，$FADH_2$ ⟷ FAD と還元型と酸化型が存在し，反応に伴って相互に変換する．また，補酵素には各種のビタミン類がその構成成分となっているものが多い．

　酵素によっては，Fe^{2+}，Cu^{2+}，Zn^{2+}，Mg^{2+}，Ca^{2+}などの金属イオンが活性部位に組み込まれている場合がある．たとえば，DNA鎖を分解するDNaseが活性を発揮するためには，Mg^{2+}が必要である．

7・2　酵素の利用

酵素生産微生物の単離

　さまざまな環境中で生育する微生物は，その環境より入手できる基質を利用し，炭素源とエネルギーを得ている．こうした微生物は加水分解酵素を分

泌して，環境中のタンパク質やデンプンなどの高分子化合物を細胞外で分解して吸収する．微生物が生産する強力な加水分解酵素の中には，工業的に利用されているものも数多い．

身のまわりの土壌を少量採取し，水で希釈して特定の基質を含む寒天培地に塗布して培養すると，その基質を利用できる微生物が成育してくる．スキムミルクを含む培地に生育する微生物は，培地中にプロテアーゼを分泌してコロニーの近くのカゼインを分解するので，コロニーの周囲が透明に抜けて見える（図 7・10 左）．デンプンを含む培地に生育する微生物はアミラーゼを分泌してコロニーのまわりのデンプンを分解して利用する．ヨウ素を含む溶液を滴下すると，デンプンは青紫色に染まるがコロニーの周囲はデンプンが消費されているので透明に抜けて見える（図 7・10 右）．

工業的に利用できる酵素は，基質特異性・反応条件・比活性・保存性・安全性など，さまざまな条件をクリアしなければならない．こうした有用な酵素を生産する微生物を単離するために，さまざまな分離方法が工夫され，世界中から探索されている（表 7・2）．

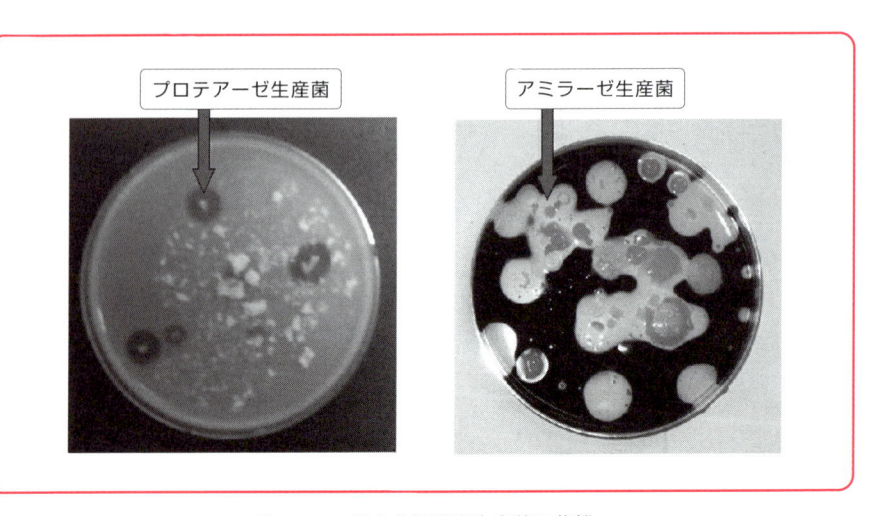

図 7・10　加水分解酵素生産菌の分離

表7・2　酵素の産業利用

酵素	分解基質	用途
プロテアーゼ	タンパク質	洗濯用洗剤，食器洗い機用洗剤，食肉の軟化，乳児用粉ミルク，チーズ製造，消化剤，羊毛加工
アミラーゼ	デンプン	洗濯用洗剤，食器洗い機用洗剤，繊維のノリ抜き，デンプンの糖化，酒類製造，消化剤
リパーゼ	脂肪	洗濯用洗剤，食器洗い機用洗剤，皮革の脱脂，チーズフレーバー，パン生地の安定化
セルラーゼ	セルロース	洗濯用洗剤，繊維生地の改良，ジーンズ加工，食品加工，消化剤，飼料添加剤，バイオエタノール
キシラナーゼ	キシラン	パルプの漂白，飼料添加剤
ペルオキシダーゼ	過酸化水素水	漂白，除菌
アスパラギナーゼ	アスパラギン	白血病およびリンパ癌の治療
ウロキナーゼ	プラスミノーゲン	血栓溶解剤

食品工業

　多くの糖質関連酵素が大規模に甘味料製造に利用されている．さわやかな甘みのある異性化糖は，フルクトースとグルコースの混合物である．異性化糖は，デンプンをα-アミラーゼにより液化し，グルコアミラーゼによりグルコースに糖化し，さらにグルコースイソメラーゼという異性化酵素によりほぼ2倍の甘みを持つフルクトースに変換することにより製造される．デンプンの水溶液は温度が高い方が流動性が増し，製造装置にかかる負担を減らすことができるので，高温で安定なアミラーゼが好んで利用されている．

　牛乳を飲むと消化不良や下痢などの胃腸障害を起こす乳糖不耐症の人は多いが，この原因は牛乳の中のラクトース（乳糖）が消化できないためである．ラクトースをグルコースとガラクトースに加水分解するβ-ガラクトシダーゼを用いて，ラクトースをあらかじめ分解した牛乳が市販されている．

　チーズの製造には，牛乳の主要なタンパク質であるカゼインを1か所切断するレンネット（凝乳酵素）というプロテアーゼの一種が必要である．以

前は，レンネットは仔牛の第4胃から取られていたので，チーズづくりのために仔牛を殺さなくてはならなかった．現在では *Rhizomucor* 属のカビが生産する酵素，または遺伝子組換えにより大腸菌などが生産する酵素が世界中で利用されている．

医薬品分野

1894年に，高峰譲吉が麹菌の培養液から調製されたアミラーゼを消化剤として市販したのが酵素の医薬品分野への応用のはじまりである．プロテアーゼ，アミラーゼ，リパーゼなど多くの加水分解酵素が消化剤として利用されている．

従来は，化学的方法で測定されていた臨床分析項目が，次々と酵素法により測定されるようになっている．基質特異性の高い酵素は，多くの成分が混合した試料のなかの目的成分のみ分析可能で，感度が高いため試料が微量ですむという利点がある．血中コレステロール値はコレステロールオキシダーゼの活性により測定される．肝機能の診断に重要なリン脂質やコリンエステラーゼ活性の測定にはコリンオキシダーゼが用いられている．

セラチオペプチダーゼは，抗炎症剤として，医薬品に添加されている．また，ウロキナーゼは血栓溶解剤として臨床に用いられている．

アスパラギナーゼはアスパラギンを加水分解してアスパラギン酸を生成する．白血病細胞が増殖する際の栄養源である血中アスパラギンを分解することから，白血病の治療に用いられている．

酵素洗剤

酵素の最大の用途は洗濯用の合成洗剤への添加であり，プロテアーゼ，アミラーゼ，リパーゼ，セルラーゼなどの加水分解酵素が大量に使用されている．洗濯作業の条件下でも十分に活性を保つために，洗濯用の酵素には

・通常の洗濯温度で安定に作用する

- アルカリ性（pH9～11）で活性が高い
- 洗剤に添加される界面活性剤に強い
- 漂白に利用される酸化剤に耐性がある
- 粉末の状態で長期間保存できる
- 生産性が高い
- 人体に安全である

などの性質が要求される．洗濯用の酵素を開発するためには，これらの条件をすべて満たす酵素を生産する微生物を探し出さなければならない．このうち最も難しいと考えられる「アルカリ性で活性が高い」という条件が，アルカリ性環境で生育する微生物を探索するというアイディアによってクリアされたことから，酵素入りの洗剤が開発され急速に普及した．

　プロテアーゼ，アミラーゼ，リパーゼは汚れの成分そのものを分解する．一方，洗剤に添加されるアルカリ性セルラーゼは，結晶性の高いセルロースには作用しないβ-1,4-グルカナーゼである．木綿の衣服の汚れは木綿の単繊維内部の非結晶領域に閉じ込められているのでなかなか落ちないが，セルラーゼの作用により非結晶領域が解放されることにより洗浄力が発揮されると考えられている．また，洗濯時の色移り防止のため，ペルオキシダーゼなどが開発されている．

Chapter 7　バイオテクノロジー

COLUMN：日本酒はバイオテクノロジーの結晶

　日本酒は，日本人が太古より育て上げてきた一大芸術作品ともいえる．またこれを造る技術は古い社会における最大の化学工場の一つであった．古い時代の日本の科学も技術も全部この中に含まれているといっても過言ではない．

　日本人がどのようにして酒を造ってきたか，昔から酒のことを書いた文献は多いが，そのほとんどは文学や政治に関連したものであって，造り方についての文献は極めて少ない．本式に酒造りの工場ができたのは，中世になってからといわれている．室町初期の酒造りのようすを書いてある「御酒之日記」，室町末期から江戸初期に書かれたという「多聞院日記」があるのみである．

　これらによると，今でも十分に通用する三つの技術（バイオテクノロジー）が書かれている．

　①麹の造り方，②乳酸発酵を利用した酵母の純粋培養法，③酒の腐敗を防ぐための低温殺菌法，すなわち火入れである．今から約100年ほど前，パスツールによって発明された加熱殺菌法が，なんと200年も早く実用化されていたのである．微生物の技術は本質的には現在まで変わっていない．

Chapter 8 不思議な能力を持つ微生物たち

8・1 多様な微生物の代謝

化学合成独立栄養微生物

微生物の中には H_2, H_2S, NH_4^+, NO_2, Fe_2^+ などの還元型の無機化合物を O_2 で酸化して得られるエネルギーを利用して，CO_2 を唯一の炭素源として生きていくものがいる．これらの微生物を**化学合成独立栄養微生物**という（図 8・1）．この場合は，還元型の無機化合物が電子供与体となり，無機化合物が酸化される．化学合成独立栄養細菌には，水素細菌（hydrogenn bacteria），硫黄細菌（sulfer oxidizing bacteria），鉄細菌（iron oxidizing bacteria），アンモニア酸化細菌（ammonia oxidizing bactera），亜硝酸

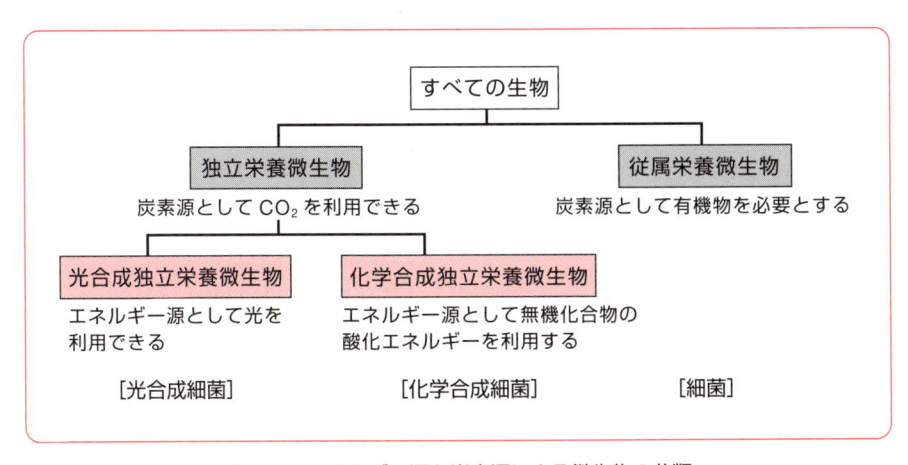

図 8・1 エネルギー源と炭素源による微生物の分類

表8・1　無機物の酸化によりエネルギーを得る生物

無機栄養微生物	主な生物種	反　応
水素細菌	Hydrogenomonas	$H_2 + 1/2O_2 \rightarrow H_2O$
硫黄細菌	Thiobacillus	$HS^- + H^+ + 1/2O_2 \rightarrow S^0 + H_2O$
硫黄細菌	Thiobacillus	$S^0 + 3/2O_2 + H_2O \rightarrow SO_4^{2-} + 2H^+$
鉄細菌	Thiobacillus	$Fe^{2+} + H^+ + 1/4O_2 \rightarrow Fe^{3+} + 1/2H_2O$
硝化細菌	Nitrosomonas	$NH_4^+ + 3/2O_2 \rightarrow NO_2^- + 2H^+ + H_2O$
硝化細菌	Nitrobacter	$NO_2^- + 1/2O_2 \rightarrow NO_3^-$

酸化細菌（nitrite oxidizing bacteria）などがある（表8・1）．アンモニア酸化細菌と亜硝酸酸化細菌は硝化細菌と呼ばれる．これらのほとんどの化学合成独立栄養細菌はカルビン回路により CO_2 を固定し，水素酸化細菌およびメタン生成細菌は還元的カルボン酸回路により CO_2 を固定する．

硝化細菌と脱窒

アンモニア酸化細菌は，アンモニアを亜硝酸に酸化する酸化する細菌で，*Nitrosomonas europaea* などが知られており，NH_3 が酸化されて亜硝酸になる．このときに O_2 が利用される．

$$NH_3 + 3/2O_2 \rightarrow NO_2^- + H^+ + H_2O$$

亜硝酸酸化細菌は，NO_2^- を NO_3^- に酸化することにより生育する細菌である．代表的な細菌に，*Nitrobacter winogradskyi* が知られており，その他に *Nitrobacter hamburgensis*，*Nitrobacter mobilis* などがある．NO_2^- から NO_3^- が生じるときは H_2O の酸素原子が導入されるが，そのときに生じる 2H を酸化するのに O_2 が必要となる．

$$NO_2^- + 1/2O_2 \rightarrow NO_3^-$$

NO_3^- や NO_2^- を還元してガス状窒素（N_2 または N_2O）を大気に放出する硝酸呼吸を行う細菌を脱窒細菌（脱窒菌，denitrifying bacteria）という．パラコッカス属やシュードモナス属などのグラム陰性細菌の多くが脱窒反応を行うが，バチラス属などのグラム陽性菌やプロピオニバクテリウム属などの絶対嫌気性菌などにも脱窒を行う細菌がいる．脱窒菌は土壌，海洋など自然界の広く生息するが，酸素 O_2 の存在環境では脱窒反応は行わないので，脱窒反応が盛んに起こるのは好気的な環境と嫌気的な環境が近接する場所である．

　廃水処理施設では，排水中の窒素化合物を硝化作用と脱窒作用を利用して，窒素化合物を効果的に減少させることができるので積極的に利用されている．

硫黄酸化細菌・鉄細菌

　還元型の無機硫黄化合物を酸化によってエネルギーを得て CO_2 固定を行う細菌を硫黄細菌（sulfur bacterium）という．グラム陰性桿菌であるチオバチラス（*Thiobacillus*）属の硫黄細菌がよく知られている．チオバチラスは電子供与体として硫黄化合物の H_2S，S^0（単体硫黄），$S_2O_3^{2-}$ を利用し，その酸化反応によって得られるエネルギーを用いて ATP を合成する．SO_3^{2-} から SO_4^{2-} の酸化により pH が低下するため，硫黄細菌の中には pH 2 程度の強酸性の環境に適応するものもいる．

　硫黄細菌は広く土壌，水中に存在し，地球上の硫黄循環に大きく作用していると考えられている．***Thiobacillus denitrificans*** は，硫黄化合物の酸化反応に酸素（O_2）の代わりに硝酸塩（NO_3^-）を利用することも可能であり，脱窒反応により窒素ガス N_2 を生じる硫酸脱窒菌でもある．

　鉄細菌は，強酸性環境条件下で分子状 O_2（ある場合には NO_3^-）を用いて 2 価鉄イオン（Fe^{2+}）を 3 価（Fe^{3+}）に酸化し，得られたエネルギーを用いて CO_2 固定する．Fe^{2+} を多く含む湖沼や，鉄鉱石（黄鉄鉱：FeS_2）の

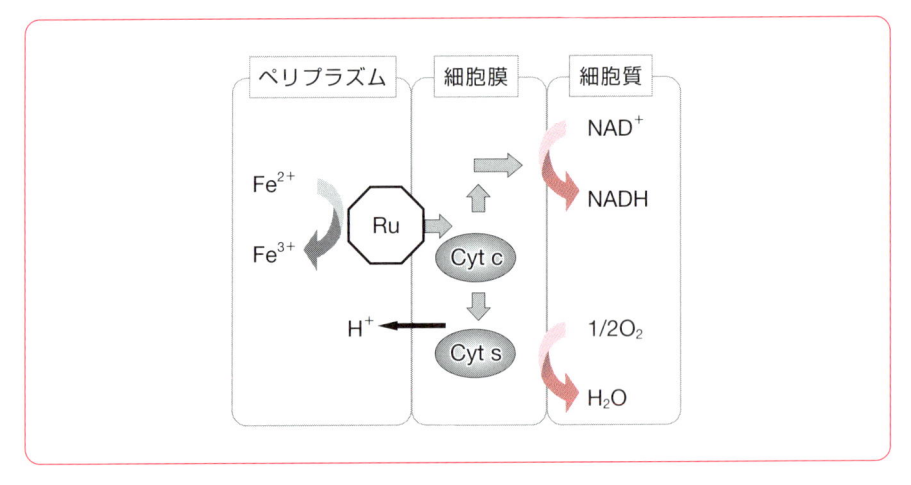

Chapter 8 不思議な能力を持つ微生物たち

図 8・2 鉄細菌の鉄酸化と電子の流れ

採掘現場などによく見られる．最もよく知られる鉄細菌である *Thiobacillus ferrooxidans* は，硫黄化合物を含む硫酸酸性条件下で生育し，H_2S，S^0，$S_2O_3^{2-}$ を酸化するとともに Fe^{2+} を酸化する．*Thiobacillus ferrooxidans* の電子伝達系にはチトクロム Cyt c，Cyt a に加えてルスチシアン (Ru) と呼ばれる銅を含むペリプラズマのたんぱく質が関与する．Fe^{2+} はルスチシアンにより酸化され，引き抜かれた電子 e^- はチトクロムを経て O_2 に受け渡され，H_2O を形成するととに，ATP 合成に利用できる H^+ 勾配を形成する（図 8・2）．

嫌気呼吸

微生物には多様な呼吸系が存在し，嫌気呼吸は，最終電子受容体として酸素を用いない異化代謝系をさす．嫌気呼吸には，アルコール発酵などの嫌気的解糖（2 章 2・1 節），硝酸呼吸（8 章 8・1 節），硫酸呼吸，炭酸呼吸などが含まれる．ここでは硫酸呼吸と炭酸呼吸を説明する．

Desulfovibrio desulfuricans などの硫酸還元菌は，河川，湖沼，海洋の

嫌気環境下で，SO_4^{2-} を最終電子受容体とする硫酸呼吸を行っている．H_2 を SO_4^{2-} で酸化して生育することができる．

$$4H_2 + SO_4^{2-} + H^+ \rightarrow HS^- + 4H_2O$$

SO_4^{2-} は最終的に H_2S まで還元され，その還元と共役して ATP が生成する．

$$CH_3COO^- + SO_4^{2-} + 3H^+ \rightarrow 2CO_2 + H_2S + 2H_2O$$

ホモ酢酸発酵細菌およびメタン生成菌は，嫌気性環境で電子受容体として CO_2 を利用して，それぞれ酢酸とメタンを生成する．いずれの場合も，主要な電子供与体は水素（H_2）である．

$$CO_2 + 4H_2 \rightarrow CH_4 + 2H_2O$$

memo：

8・2 極限環境微生物

極限の環境と極限微生物

　地球上には，人間を含め生物の生息に相応しい環境がある一方，生物にとって快適な環境ばかりでなく，生存するには不適な，さまざまな厳しい自然環境がある．これらを極限環境という（図8・3）．たとえば，アルカリ性あるいは酸性の強いアルカリ湖や酸性湖などのような場所，死海や塩田などの高塩濃度の場所，温泉や深海の熱水鉱床などのような高温環境，深海底や地下深部の地殻内のような高圧下にある環境，アルプスの氷河や高地，南極や北極に広がる極寒の地域，地下深く存在する油田などがある．微生物の中には

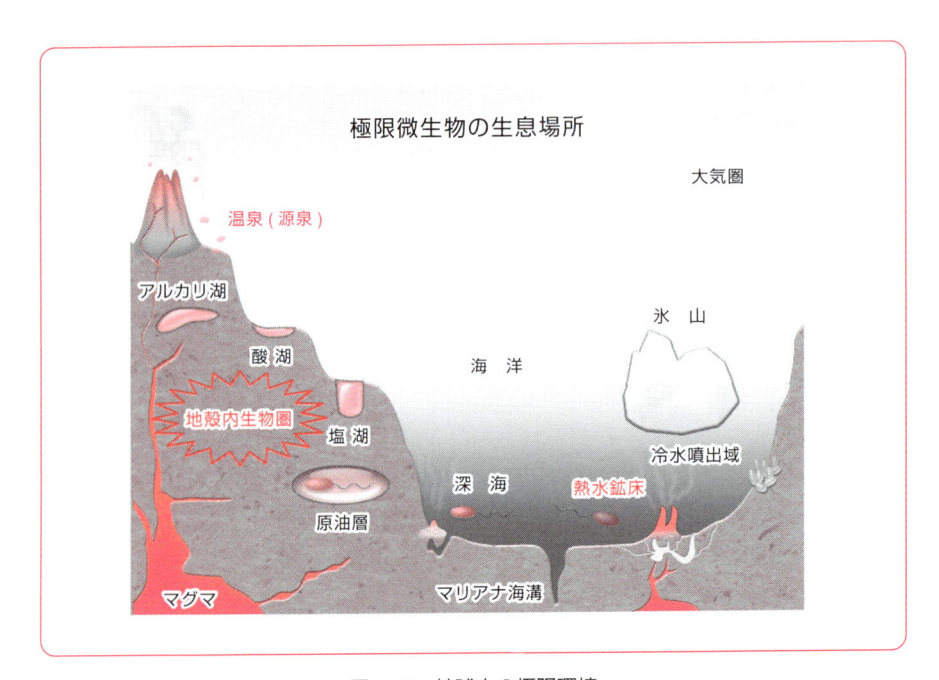

図8・3　地球上の極限環境

このような特殊な環境にのみ適応し生存しているものがいる．われわれの想像をはるかに超えた能力を持つ微生物たちである．このような環境に生息している微生物を**極限環境微生物**という．例をあげると，高温度域で生育する（超）**好熱性菌**，低温度域で生育する**好冷性菌**，高い塩濃度の下で生育する**好塩性菌**，そして高水圧下で生育する**好圧性菌**などである．

超好熱性菌は 90℃ 以上で生育する細菌をいう．アメリカのイエローストーン国立公園の熱水噴出地帯や日本各地の温泉の源泉口，さらに海底火山の熱水噴出孔などから見つかっている．その多くは古細菌（1章 1・2 節）に属する．これまでに知られている超好熱菌の中で最高の生育温度は 113℃ である．これらの細菌細胞のタンパク質や核酸（DNA，RNA）には，どのような耐熱機構が備わっているのか大きな関心を持って研究されている．代表的菌種として *Thermococcus* 属細菌，*Pyrococcus* 属細菌などがある．好冷性菌は生育温度を 15℃ 以下にもち，20℃ 以上では生育できない菌である．地球の極地など高緯度地域や平均水温の低い深海域に分布している．好冷性菌の酵素は低温において高い活性を示すので寒冷地の廃水処理や海水汚染処理に利用できる一方で，冷蔵保存中の食品汚染の原因になることがある．

好塩性菌は食塩濃度が 0.2 M 以上で存在し，最大が飽和濃度（約 5.0 M）までの範囲で生育できる細菌である．食塩は生物の生命活動に必須の物質であるが，他方塩濃度を高くすると微生物の増殖を抑制することから，古来食べ物の保存にも利用されてきた．海洋は地球最大の塩水環境であるが，その塩濃度は 0.15 M である．高塩濃度の自然環境はアフリカのエジプトやケニアに分布する塩湖，中東の死海，アメリカのグレートソルトレークなどがあり，人工的環境として世界各地に見られる塩田がある．代表的菌種として *Halobacterium* 属や *Natronobacterium* 属の細菌がある．日本国内の塩田から三角形の高度好塩性菌（*Haloarcula japonica*）が分離されている（図 8・4）．高度好塩性菌の中には他に四角形の形状のものなど形状豊かな種類

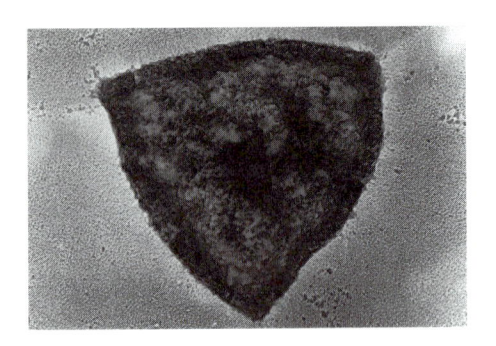

Haloarcula japonica

図 8・4　石川県の塩田から発見された三角形状を有する高度好塩性菌
（写真提供：東洋大学生命科学部　高品知典博士）

が多い．好塩性菌の細胞は常に高い浸透圧と脱水作用にさらされているので，それに対抗するするために細胞内の溶質濃度（カリウムイオン）が高くなっている．また細胞内のタンパク質も高い加水状態を維持する．

　好圧性菌は高い水圧のかかる深海の底泥から分離される．水圧は水深 10 m ごとに約 0.1 MPa（＝ 1 atm）ずつ増加する．したがって，水深 6000 m の日本海溝の海底では 60 MPa（600 atm），世界最深の 11000 m マリアナ海溝では 110 MPa の超高圧になる．このような深海底泥のサンプルを圧力を保持した状態で採取回収し，微生物の分離を行う（図 8・5）．好圧性菌は一定以上の加圧下でのみ生育でき，常圧の地上では生育できないか，または生育がわるくなる．ほとんど未知種であり，新種として分類されることが多い．

　また，特殊な例として，有害な高濃度の有機溶媒中で生育できる有機溶媒耐性菌として，世界で初めて編著者の掘越と井上によって高濃度トルエンに耐性を持つトルエン耐性菌 *Pseudomonas putida* IH-2000 株が発見された（図 8・6）．

　特殊環境に適応して生育できるこれらの微生物は生物進化の観点から，さ

図8・5　高圧保持採泥器（写真提供：海洋研究開発機構）

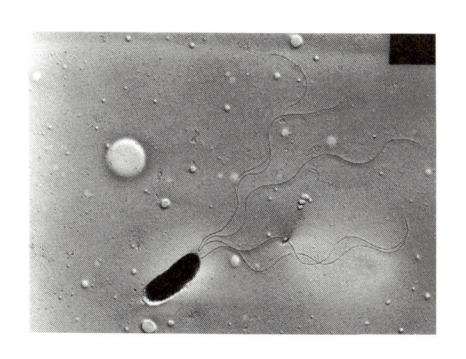

Pseudomonas putida IH-2000 株

図8・6　有機溶媒耐性菌

らには新しい遺伝子資源として注目されている．

深海に生きる微生物たち

深海は，地上とは異なり高水圧，低温または超高温の環境条件下にあり，これらの環境に適応した微生物が生息している．世界最深部のマリアナ海溝（約10900m）では1cm^{2}当たり1t以上の高圧がかかっている．普通の微

Chapter 8 不思議な能力を持つ微生物たち

一般の微生物は圧力増加とともにその増殖速度が低下する．しかし，好圧性微生物は圧力の増加とともにその増殖速度が変化する．

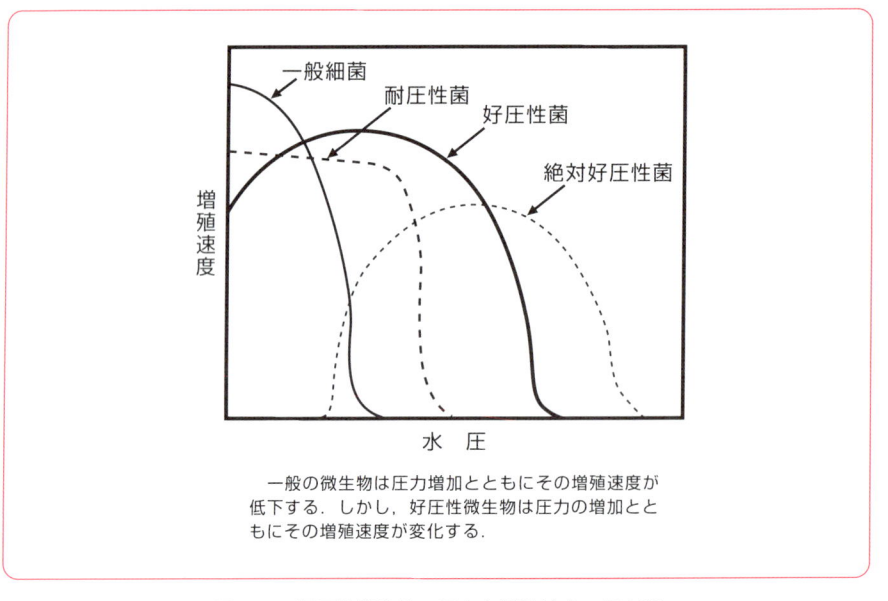

図 8・7 好圧性微生物の圧力と増殖速度の概念図

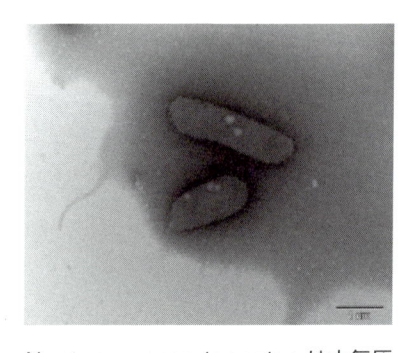

Neptunomonas japonica は大気圧条件下より高圧条件でよく生育する．

図 8・8 深海底から分離された好圧性細菌

生物は，約 30 MPa を超えると水圧のために生育が抑制される．大腸菌などは細胞分裂ができなくなり，糸状に異常伸長してしまう．このような環境でも適応して平気でいるのが好圧性菌である．好圧性菌は大気圧下よりも圧力の増加とともに形態変化を起こさず増殖が活発になる．さらに，絶対好圧性細菌は大気圧下ではまったく増殖できず，高い水圧がかかってはじめて増殖できる微生物である（図 8・7，図 8・8）．マリアナ海溝から分離された *Moritella yayanosii* は 50 MPa 以上の水圧で初めて増殖し，120 MPa 以上の水圧でも増殖する．一方，耐圧性菌といわれる微生物は，地上でも深海でも増殖できる．深海は太陽光が届かず，約 4°C 前後の低温環境の世界で，低温を好む多種多様な微生物が多く生息している．これを好冷性菌という．15°C 以下でよく生育する．深海から分離される好冷性菌は，好圧性菌でもある．深海以外にも南極の氷の下やアルプスなどの高山などからも分離されている．

深海のごく一部であるが，300°C を超える高温の熱水が吹き出ている熱水鉱床といわれる場所がある．このような場所から，一般の微生物が死滅するような高温でも平気で生育する微生物が生息している．55〜75°C の温度で生育する微生物を好熱性菌，75°C 以上で生育するのを高度好熱性菌，90°C 以上を超好熱性菌に分けられる．このような微生物の酵素・タンパク質は熱に対して極めて安定である．遺伝子診断などの DNA 増幅に，耐熱酵素である好熱菌 *Thermus aquaticus* の DNA ポリメラーゼが利用されている．

熱水噴出孔の微生物

熱水噴出孔は，海底にしみ込んだ海水がその下にあるマグマの地熱により暖められて，場所によっては 300°C を超える熱水が高水圧のために沸騰することもなく噴き出している．最初に熱水鉱床が発見されたのは，1970 年代末にアメリカの潜水調査船「アルビン」によってガラパゴス諸島，深度

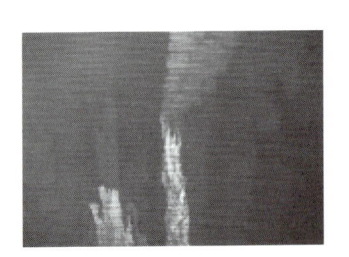

Chapter 8　不思議な能力を持つ微生物たち

熱水中に多量の硫化水素や重金属と海中の成分が反応し，黒い煙のように見える．

熱水噴出孔は"地下生物圏の窓"である。

300℃を超える熱水孔から分離された新奇超好熱性古細菌

熱水噴出孔周辺のシンカイヒバリガイ生物群集

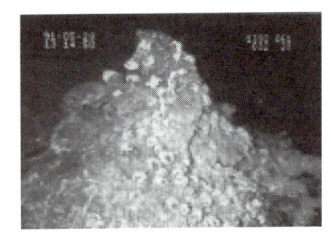

沖縄トラフの熱水噴出口周辺に群がるユノハナガニ，ゴエモンコシオリエビなどの生物群集

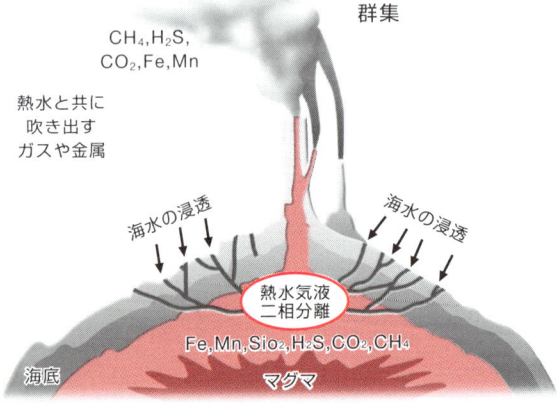

CH_4, H_2S, CO_2, Fe, Mn

熱水と共に吹き出すガスや金属

海水の浸透

熱水気液二相分離

$Fe, Mn, SiO_2, H_2S, CO_2, CH_4$

海底　マグマ

図8・9　熱水噴出孔の構造（写真提供：海洋研究開発機構）

2600 m の深海底下であった．その後，熱水鉱床がメキシコ沖東太平洋海膨で発見され，現在では西太平洋，大西洋中央海嶺，インド洋など，日本付近では伊豆・小笠原弧の海底火山や沖縄トラフなどに広く存在している．

熱水鉱床の周辺には化学合成生物群集と共生する微生物とともに，数百度の熱水を噴出するチムニーの噴出孔や熱水中から，多くの高度好熱性菌が分離されている（図 8・9）．これらの高度好熱性菌の多くは古細菌といわれている微生物集団である．古細菌に属さないものは *Thermotoga* 属と *Aquifex* 属だけが知られている．また，熱水中の微生物はその下に広がる熱水孔下生物圏から熱水によって運ばれてきた可能性があり，まさしく"地下生物圏の窓"ともいわれている．

これまで，最高生育温度を持つ微生物は 113℃ で生育可能な超好熱性古細菌 *Pyrolobus fumarii* であった（Bloch et al., 1997）が，最近独立行政法人海洋研究開発機構の高井らによって 122℃ までの高温下でも増殖可能である超好熱性メタン菌 *Methanopyrus kandleri* がインド洋の深海熱水環境から分離された（口絵 3 参照）．これらの発見は，地球の極限環境における生命活動の広がりや地球外の宇宙環境における生命存在限界条件を理解するのに大きな示唆を与えるものである．

地殻内に生きる微生物

これまでまったく生物がいるとは考えられなかった地球深く地殻内にも生物圏があることが明らかにされつつある（図 8・10）．1990 年代から，培養に依存しない分子生態学的手法の進歩により，地殻内生物圏が地下数 km の深さにも達し，全地球の潜在微生物数の 90％ 以上が地下および海底下の微生物圏に存在し，地殻内微生物圏が植物を含めた全地上生物量に匹敵する潜在量を持っていることが示唆され，巨大な生物圏であると考えられている（図 8・11）．しかし，活発な代謝活性を持つ活動的な地殻内生物圏は極めて限られた場所に存在し，多くの場合，極めて穏やかな代謝活性しか持たない微

Chapter 8 不思議な能力を持つ微生物たち

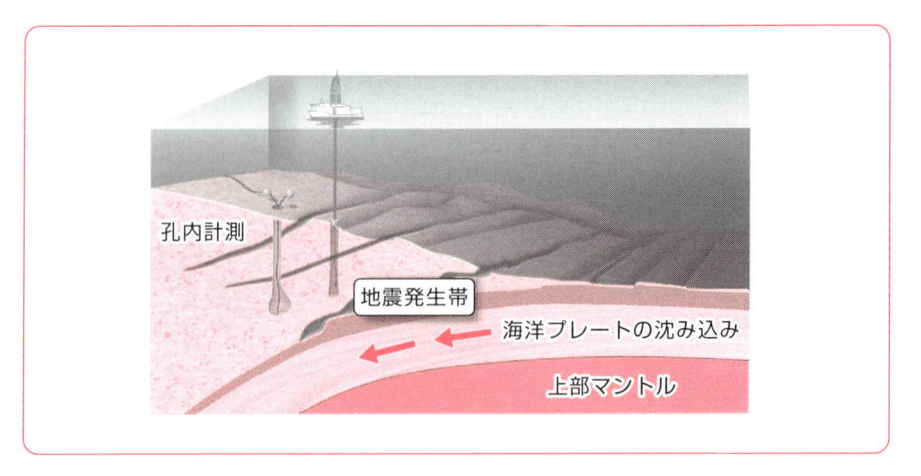

図 8・10 地殻内構造

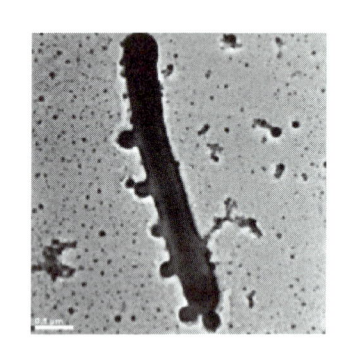

絶対嫌気性超アルカリ性菌
Alkariphilis transvaalensis

図 8・11 地殻内から分離された微生物

生物集団か，あるいは休眠状態や死滅してしまった過去の微生物の遺物（パレオーム：Paleome）[※1]であることが示唆されている．活動的な地殻内微生

※1 パレオーム：現在，培養法がわからない微生物を研究する場合，土壌試料から直接 DNA を抽出してその環境の生息する微生物種を推測する分子系統学的な手法が用いられている．この方法で抽出される DNA に基づき過去に死滅した微生物のゲノム情報をパレオームという．

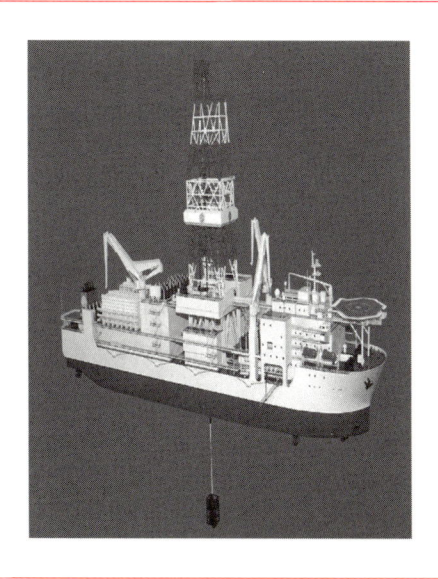

図 8·12　地球深部探査船「ちきゅう」(写真提供：海洋研究開発機構)

物群集はプレート境界域や深海熱水活動域などの地殻変動があるところに存在する．このような活動的な地殻微生物圏は，酸素発生型光合成微生物誕生以前の始生代における最古の微生物生態系と考えられる**超好熱性地殻内独立栄養微生物生態系**（ハイパースライム；Hyper-SLiME）※2 である可能性が提唱され，40 億年にも及ぶ地球と生命の歴史を保存している場と考えられている．これらの地下生物圏を明らかにするために，独立行政法人海洋研究開発機構の地球深部探査船「ちきゅう」により，地下生物圏研究が進められている（図 8·12）．

※2　ハイパースライム：ハイパースライムとは熱水孔下環境に生息する微生物が，地球内部にあるエネルギーのみで依存して生息する超好熱メタン菌と超好熱発酵を中心とした微生物群集（Hyper-SLiME；Hyperthermophilic Subsurface Lithoauto-trophic Microbial Ecosystem）の概念をさす．

Chapter 8 不思議な能力を持つ微生物たち

COLUMN：沸騰しているお湯の中でないと生育しない微生物

　一般に動物植物などは50℃位が生命の上限であって，それ以上では死んでしまう．
　ところが，微生物となると話はまったく違う．超好熱性細菌と呼ばれるグループは100℃はおろか113℃位でも生育することができる．このような微生物は30℃位では全く成育することができない．彼らにとっては寒すぎる（！）ことになる．
　高い温度で生育する微生物（好熱性細菌）を本式に研究し始めたのは米国のウイスコンシン大学の細菌学の教授をしていたブロック博士で，1970年代であった．米国のイエローストーン国立公園のなかの数々の温泉の中の微生物を調べ，70〜80℃の熱湯の中で硫黄を食べて生きるという変わった微生物を見つけて，スルフォローバスと名づけた．煮えたぎっている大変な酸性な環境でないと成育できないこともわかった．それから約20年たって，世界の多くの人々が好熱性細菌の研究に取り組むようになった．高い温度で生きていくのであるから，彼らのつくる酵素は高温でも安定であるに違いない．遺伝子診断などに用いられている超微量のDNAを増幅して分析するPCRという技術は，超好熱性細菌の酵素を用いて成功した物の一つである．生命は一体何度まで存在するのであろうか．これは地球ができて十億年ほどかかって冷え，そして何処で生命がつくられたかの大問題と大きく関係してくる．今までに得られている研究から，酸素は存在しなかったことは明らかで，その代わりに鉄を還元することで生命体は生きてきたと考えられている．2003年になって，北西太平洋の海底のブラックスモーカー（真っ黒な300℃を超える熱水が海底から吹き出ている所）から分離された121℃でも生育可能な微生物が発見された．その時の培地（えさ）は窒素，炭酸ガス，酸化鉄，そしてギ酸でもちろん酸素は含まれていない．この微生物は，85℃〜121℃まで生育する約1.0μの球菌で運動器官の鞭毛を持っている．121℃という温度は，微生物研究者にとって大変に大切な温度で，微生物を殺菌する時の温度である．この温度で平気な生命が有ることになったわけである．さらに130℃で2時間おいて冷やして103℃にすると，なんと生育を始めるのである．つまり，この生命は130℃でも死なないことを示している．
　なんと生命とはタフなものなのだろうか．ごく最近になって，海洋研究開発機構の高井研究室は深海の熱水噴出口から122℃で生育できる微生物を発見して，最高記録を更新した．いったい何度が菌の金メダルなのか．

索引

あ行

- アオカビ ……………………………… 21
- 亜硝酸酸化細菌 ……………………… 158
- アスパルターゼ ……………………… 109
- アミノ酸 ………………………………… 50
- アルコール発酵 ………………………… 41
- アンチコドン …………………………… 86
- 暗反応 …………………………………… 45
- アンモニア酸化細菌 ………… 157,158

- 硫黄細菌 ……………………… 157,159
- 異化 ……………………………………… 39
- 異型乳酸菌 …………………………… 104
- 異性化酵素 …………………………… 147
- 糸引き納豆 …………………………… 124
- イノシン酸 …………………………… 109
- インフルエンザウイルス ……………… 79

- ウイルス ………………………………… 26

- エイズウイルス ………………………… 80
- 栄養要求変異株 ……………………… 107
- 液体培養 ………………………………… 62
- エネルギー代謝 ………………………… 39

- 黄色ブドウ球菌 …………………… 77,78
- オペレーター …………………………… 96

か行

- 解糖系 …………………………………… 39
- 化学合成独立栄養微生物 …………… 157
- 核 ………………………………………… 27
- 核酸発酵法 …………………………… 109
- 学名 ……………………………………… 9
- 加水分解酵素 ………………………… 145
- カツオ節 ……………………………… 124
- 活性汚泥法 …………………………… 136
- 活性化エネルギー …………………… 148
- 活性部位 ……………………………… 150
- 下面発酵ビール ……………………… 121
- カルビン回路 …………………………… 45
- 桿菌 ……………………………………… 11
- カンジダ菌 ……………………………… 79

- 黄麹菌 …………………………………… 20
- 基質 …………………………………… 149
- 基質特異性 …………………………… 149
- 北里柴三郎 ……………………………… 5
- キナーゼ ……………………………… 145
- キノコ …………………………………… 24
- 球菌 ……………………………………… 11
- 極限環境微生物 ……………………… 163
- 菌界 ……………………………………… 7
- 菌根菌 …………………………………… 25
- 近隣接節法 ……………………………… 36

- グアニル酸 …………………………… 109

173

| 索　引 | |

クモノスカビ ················· 22
クラスシック分類法 ·········· 36
グラム陰性 ····················· 12
グラム染色 ····················· 11
グラム陽性 ····················· 12
グリコーゲン ·················· 47
グリセロール ·················· 48
グルタミン酸 ················· 105
クローニング ·················· 92
クローン ························ 91
クローン化 ····················· 92
黒麹菌 ··························· 21
クロロフィル ·················· 45

形質転換 ························ 93
ケカビ ··························· 22
結核菌 ··························· 78
ゲノム ··························· 98
ゲノムプロジェクト ········· 98
原生生物界 ······················· 7

好圧性菌 ·················· 73,163
好塩性菌 ······················ 163
光学異性体 ····················· 50
光合成 ··························· 45
コウジカビ ····················· 20
麹菌 ······························ 20
合成酵素 ······················ 148
酵素 ···························· 143
好熱性菌 ·················· 69,163
酵母 ······························ 23
好冷性菌 ······················ 163
5界説 ······························ 7
古細菌 ··················· 7,17,36
枯草菌 ··························· 14

固体培養 ························ 62
コッホ ····························· 5
コドン ··························· 86
ゴルジ体 ························ 30
コロニー ························· 5

● さ 行 ●

細菌 ······························ 11
細胞性粘菌 ····················· 25
細胞内共生説 ·················· 33
酸化還元酵素 ················· 144
3ドメイン説 ····················· 7
酸敗 ························· 3,103

シアノバクテリア ············ 17
志賀潔 ····························· 6
脂質二重膜 ····················· 50
自然発生説 ······················· 3
脂肪 ······························ 48
脂肪酸 ··························· 48
従属栄養菌 ····················· 67
集落 ································ 5
出芽 ······························ 23
硝化細菌 ······················ 158
常在菌 ··························· 77
小胞体 ··························· 29
上面発酵ビール ············· 121
食酢 ···························· 129
触媒 ···························· 143
植物界 ····························· 7
白麹菌 ··························· 21
真核生物 ························· 7
真菌 ······························ 18
真正細菌 ···················· 7,36

水素細菌	157
ストレプトマイシン	112
生育曲線	54
制限酵素	92
生産物	149
清酒	117
正常乳酸菌	104
生物膜法	136
赤痢菌	6
セファロスポリン	114
セルロース	47
セントラルドグマ	82
増殖	53

●た 行●

代謝	39
大腸菌	15, 77
高峰譲吉	6
脱窒細菌	159
脱離酸素	146
種麹	117
単行複発酵方式	102
腸管出血性大腸菌	78
超好熱性菌	69, 163
超好熱性地殻内独立栄養微生物生態系	171
腸内細菌	77
腸炎ビブリオ菌	77
通気撹拌培養槽	63

デオキシリボース	82
鉄細菌	157
寺納豆	124
転移酵素	144
電子伝達系	43
転写	85
デンプン	47
同化	39
糖新生	46
動物界	7
独立栄養菌	67
トランスファーRNA	86

●な 行●

納豆	124
難培養性微生物	74
二名法	9
乳酸菌	13
乳酸発酵	41
ヌクレオチド	82
野口英世	6

●は 行●

肺炎球菌	78
バイオレメディエーション	139
倍加時間	56
白癬菌	79
バクテリオファージ	26
麻疹ウイルス	80

破傷風菌	5
パスツーリゼーション	5
パスツール	3
発酵	40
発酵パン	128
比増殖速度	56
必須アミノ酸	52
表皮ブドウ球菌	77
フィードバック制御	97,107
フィードバック阻害	97
腐朽菌	24
不斉炭素	50
ブフナー	143
不飽和脂肪酸	48
プラスミド	90
プロモーター	85
分子進化の中立説	35
分生子	18
分裂酵母	23
並行複発酵方式	102
ベクター	92
紅麹菌	21
ペニシリン	112
べん毛	11
包括固定化法	139
放線菌	16
飽和脂肪酸	48
補酵素	151
ボツリヌス菌	78
ポリメラーゼ	148
ポリメラーゼ連鎖反応	94

翻訳	86

• ま 行 •

麻疹ウイルス	80
マラリア	79
ミトコンドリア	30
ミュータンス菌	77
無性生殖	18
明反応	45
メッセンジャー RNA	86
モト（酛）	118
モネラ界	7

• や・ら・わ行 •

有性生殖	18
葉緑体	30
リジン発酵	107
リプレッサー	96
リボース	82
リボソーム	29,86
リボソーム RNA	86
緑膿菌	15
リン脂質	49
リンネ	9
レーヴェンフック	1
連続培養	64

ワイン ……………………………… 119

● 英・欧 ●

ATP ………………………………… 42
ATP合成酵素 ……………………… 43
DNAの複製 ………………………… 84
DNAポリメラーゼ ………………… 85
DNAリガーゼ ………………… 85,93

NAD ………………………………… 42
NADH ……………………………… 42
PCR ………………………………… 94
RNAポリメラーゼ ………………… 85
SCP ………………………………… 135
TCA回路 …………………………… 42

β-ラクタム抗生物質 …………………… 115

〈編者略歴〉

堀越弘毅（ほりこし　こうき）
- 1956年　東京大学農学部農芸化学科卒業
- 1958年　東京大学大学院修士課程修了
- 1963年　東京大学大学院博士課程修了
  - 農学博士
  - 東京工業大学名誉教授
  - 東洋大学名誉教授
  - 元独立行政法人 海洋研究開発機構
  - 極限環境生物圏研究センター
  - センター長

〈著者略歴〉

井上　明（いのうえ　あきら）
- 1971年　東京教育大学大学院農学研究科
  - 修士課程修了
- 1995年　博士（農学）
- 現　在　東洋大学大学院学際・融合科学
  - 研究科　教授

中島春紫（なかじま　はるし）
- 1984年　東京大学農学部農芸化学科卒業
- 1989年　東京大学大学院博士課程修了
- 1989年　東京工業大学生命理工学部助手
- 1997年　東京大学大学院
  - 農学生命科学研究科助教授
- 2004年　明治大学農学部助教授
- 2007年　明治大学農学部教授
- 現　在　明治大学農学部農芸化学科
  - 微生物生態学研究室　教授

- 本書の内容に関する質問は，オーム社ホームページの「サポート」から，「お問合せ」の「書籍に関するお問合せ」をご参照いただくか，または書状にてオーム社編集局宛にお願いします．お受けできる質問は本書で紹介した内容に限らせていただきます．なお，電話での質問にはお答えできませんので，あらかじめご了承ください．
- 万一，落丁・乱丁の場合は，送料当社負担でお取替えいたします．当社販売課宛にお送りください．
- 本書の一部の複写複製を希望される場合は，本書扉裏を参照してください．
  JCOPY ＜出版者著作権管理機構　委託出版物＞

図解 微生物学入門

- 2009年 4月20日　第1版第1刷発行
- 2023年 1月30日　第1版第8刷発行

- 編　者　堀越弘毅
- 著　者　井上　明
  　　　　中島春紫
- 発行者　村上和夫
- 発行所　株式会社オーム社
  - 郵便番号　101-8460
  - 東京都千代田区神田錦町3-1
  - 電話　03(3233)0641（代表）
  - URL　https://www.ohmsha.co.jp/

© 堀越弘毅・井上　明・中島春紫 2009

印刷　中央印刷　製本　協栄製本
ISBN978-4-274-20698-6　Printed in Japan

トコトンわかる 図解 基礎生化学

◎ 池田和正 著　　◎ A5判・420頁

生命を支える化学反応は、生物の奥深さを反映して、わかりにくく複雑です。

そこで本書は、項目ごとに基本となる考え方・用語を、図や表を多用してわかりやすく解説しました。また、初心者が陥りやすいウィークポイントに的確に応える書籍として、高校レベルの生物学、化学まで遡った記述をしています。さらに、現在の学習が将来どのように役立つのか、例えば、疾患や産業応用に関しても言及しています。

● **主要目次**

序　章	生化学とはどんな学問か？	第6章	蛋白質関連物質の代謝
第1章	糖質の構造	第7章	酵　素
第2章	糖質の代謝	第8章	脂質の構造と性質
第3章	核酸の構造	第9章	脂質の代謝
第4章	核酸関連物質の代謝	第10章	ビタミン
第5章	蛋白質の化学構造		

● **本書の特長**

・**ストーリーを追って理解する**
→ 無味乾燥になりがちな内容（化学反応ばかりでつまらない!?）に文章の流れを付け、興味をもって読み進めることができます。

・**図を用いて理解する**
→ なぜ生化学はわかりにくいのか？　それは眼に見えない現象を扱っているので、イメージしにくいことにあります。そこで500点以上の図を用いてイメージがわくようにまとめてあります。

・**基礎に立ち返る**
→ 生化学を長年講義している著者の経験から、読者が理解しにくいところは、高校レベルの化学、生物学に遡って記述してあります（コラムを見てください）。

・**具体的にイメージする**
→ 生化学の成果がどのように利用されているのか、疾患や産業応用に関する記述が豊富にあるので、将来の発展的な学習に応用が利くようにしています。

もっと詳しい情報をお届けできます。
◎書店に商品がない場合または直接ご注文の場合は右記宛にご連絡ください。

ホームページ　http://www.ohmsha.co.jp/
TEL/FAX　TEL.03-3233-0643　FAX.03-3233-3440

図解 これだけは知っておきたい バイオサイエンス

■ 江島 洋介 著　▶A5判・184頁

生き物のしくみとは？
バイオサイエンス研究の基本がわかる！

　今，話題になっているバイオサイエンスだが，理科系のなかでも特に工学系に進んだ方々は，高校，大学で生物学を学ぶ機会が限られている．生物学の基本的な知識を持ち合わせていないために，最近のトピックスであるゲノムや，タンパク質に関連した話題をスムーズに理解できないことがある．
　そこで本書は，バイオサイエンスに関する基本的な知識から最新のトピックスまでをQ&A方式，見開き2頁で記述し，本質的な知識を手軽に習得できる書籍としてまとめてある．

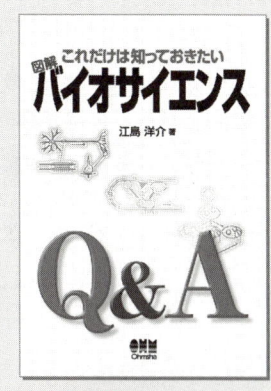

【主要目次】
第1章　生体
第2章　細胞
第3章　タンパク質
第4章　DNA
第5章　バイオ研究の基本技術
第6章　バイオ研究の基礎知識

これだけは知っておきたい 図解 分子生物学

■ 江島 洋介 著　▶A5判・224頁

分子生物学とは何か？
分子生物学の基本がわかる！

　分子生物学に関して，基本的な知識から最新のトピックスまでをQ&A方式，図表を多数用いて解説しており，本質的な知識を手軽に習得できる．
　分子生物学の全体像が把握できるように，次の特長を持たせている．
(1) 素朴な疑問に対する平易な解説と，全体像を把握するための一歩踏み込んだ解説を併記している．
(2) 分子生物学の用語をなるべく網羅し，日本語と英語の両方を示している．
(3) 分子生物学における基本的な実験手法・技術を示している．

【主要目次】
第1章　DNA
第2章　RNA
第3章　タンパク質
第4章　細胞の分子生物学
第5章　生体の分子生物学
第6章　分子生物学の基本技術とモデル生物

もっと詳しい情報をお届けできます．
◎書店に商品がない場合または直接ご注文の場合も右記宛にご連絡ください．

ホームページ　http://www.ohmsha.co.jp/
TEL/FAX　TEL.03-3233-0643　FAX.03-3233-3440

Brock 微生物学

Michael T. Madigan
John M. Martinko
Jack Parker 共著
室伏きみ子・関 啓子 監訳

微生物がくり広げる驚異の世界を集大成！

本書の十大特長

1. オールカラーで、ディテールまで見やすく、わかりやすい。
2. 各章の冒頭に、その章の内容構成、章概要を明快に記述。
3. 各章の冒頭に、その章内で現れる重要用語の定義をわかりやすく簡明に記述。
4. 学習の理解度を読者自ら評価・チェックできるように、基本概念のチェックポイントを設定。
5. 重要概念については、本文各所に参照マークを付し、関連頁へのアクセスし易さを向上。
6. 本書全体にわたり、鮮明な顕微鏡写真等のビジュアルに配慮。
7. 各章末尾には、復習のためのまとめの問題を付し、読者自ら理解度を評価・チェックできる。
また、応用問題にチャレンジすることにより、分析力・問題解決力が身に付けられる。
8. 本書全体にわたって一貫した色づかいパターンを採用して、わかりやすさを追求。
9. 用語解説で取り上げた重要用語を、本文中ではゴシック体で表記。
10. 歴史的観点、技術応用面などの関連テーマや、補足説明を要する各種概念については、独立した囲み記事にまとめた。

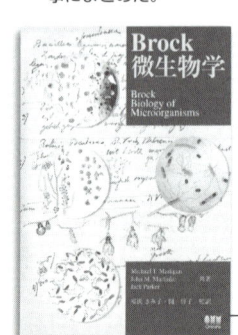

A4判／上製
1072頁

待望の翻訳版！

主要目次 (全24章・計345項目構成)

- 第 1 章　微生物と微生物学 (全9項目)
- 第 2 章　生体高分子 (全8項目)
- 第 3 章　細胞生物学 (全17項目)
- 第 4 章　栄養と代謝 (全15項目)
- 第 5 章　微生物の増殖 (全12項目)
- 第 6 章　微生物の分子生物学 (全13項目)
- 第 7 章　遺伝子発現の制御 (全8項目)
- 第 8 章　ウイルス (全23項目)
- 第 9 章　微生物遺伝学 (全14項目)
- 第10章　遺伝子工学とバイオテクノロジー (全17項目)
- 第11章　工業微生物学／生物触媒反応 (全15項目)
- 第12章　微生物の進化と系統学 (全10項目)
- 第13章　原核生物の多様性：細菌 (全34項目)
- 第14章　原核生物の多様性：古細菌 (全12項目)
- 第15章　代謝の多様性 (全29項目)
- 第16章　微生物生態学 (全25項目)
- 第17章　真核生物 (全6項目)
- 第18章　微生物の増殖コントロール (全13項目)
- 第19章　宿主－寄生体相互関係 (全13項目)
- 第20章　免疫の概念 (全17項目)
- 第21章　臨床微生物学と免疫学 (全12項目)
- 第22章　疫学および公衆衛生微生物学 (全10項目)
- 第23章　ヒトからヒトへ伝播する細菌感染症 (全7項目)
- 第24章　動物媒介性、昆虫媒介性および共通経路型の微生物感染症 (全6項目)
- 付　録
- 用語集

もっと詳しい情報をお届けできます。
◎書店に商品がない場合または直接ご注文の場合は右記宛にご連絡ください。

ホームページ http://www.ohmsha.co.jp/
TEL/FAX TEL.03-3233-0643　FAX.03-3233-3440